BIM
e inovação
em gestão
de projetos

de acordo
com a Norma | **ISO 19650**

O GEN | Grupo Editorial Nacional – maior plataforma editorial brasileira no segmento científico, técnico e profissional – publica conteúdos nas áreas de ciências exatas, humanas, jurídicas, da saúde e sociais aplicadas, além de prover serviços direcionados à educação continuada e à preparação para concursos.

As editoras que integram o GEN, das mais respeitadas no mercado editorial, construíram catálogos inigualáveis, com obras decisivas para a formação acadêmica e o aperfeiçoamento de várias gerações de profissionais e estudantes, tendo se tornado sinônimo de qualidade e seriedade.

A missão do GEN e dos núcleos de conteúdo que o compõem é prover a melhor informação científica e distribuí-la de maneira flexível e conveniente, a preços justos, gerando benefícios e servindo a autores, docentes, livreiros, funcionários, colaboradores e acionistas.

Nosso comportamento ético incondicional e nossa responsabilidade social e ambiental são reforçados pela natureza educacional de nossa atividade e dão sustentabilidade ao crescimento contínuo e à rentabilidade do grupo.

Leonardo Silvio Claudino Lins | **MANZIONE MELHADO NÓBREGA Júnior**

BIM
e inovação em gestão de projetos

de acordo com a Norma | **ISO 19650**

- Os autores deste livro e a editora empenharam seus melhores esforços para assegurar que as informações e os procedimentos apresentados no texto estejam em acordo com os padrões aceitos à época da publicação, *e todos os dados foram atualizados pelos autores até a data de fechamento do livro.* Entretanto, tendo em conta a evolução das ciências, as atualizações legislativas, as mudanças regulamentares governamentais e o constante fluxo de novas informações sobre os temas que constam do livro, recomendamos enfaticamente que os leitores consultem sempre outras fontes fidedignas, de modo a se certificarem de que as informações contidas no texto estão corretas e de que não houve alterações nas recomendações ou na legislação regulamentadora.

- Data do fechamento do livro: 20/07/2021

- Os autores e a editora se empenharam para citar adequadamente e dar o devido crédito a todos os detentores de direitos autorais de qualquer material utilizado neste livro, dispondo-se a possíveis acertos posteriores caso, inadvertida e involuntariamente, a identificação de algum deles tenha sido omitida.

- **Atendimento ao cliente:** (11) 5080-0751 | faleconosco@grupogen.com.br

- Direitos exclusivos para a língua portuguesa
  Copyright © 2021 by
  LTC | Livros Técnicos e Científicos Editora Ltda.
  Uma editora integrante do GEN | Grupo Editorial Nacional
  Travessa do Ouvidor, 11
  Rio de Janeiro – RJ – 20040-040
  www.grupogen.com.br

- Reservados todos os direitos. É proibida a duplicação ou reprodução deste volume, no todo ou em parte, em quaisquer formas ou por quaisquer meios (eletrônico, mecânico, gravação, fotocópia, distribuição pela Internet ou outros), sem permissão, por escrito, da LTC | Livros Técnicos e Científicos Editora Ltda.

- Capa: Sonia Vaz
- Editoração eletrônica: Arte & Ideia

- Ficha catalográfica

CIP-BRASIL. CATALOGAÇÃO NA PUBLICAÇÃO
SINDICATO NACIONAL DOS EDITORES DE LIVROS, RJ

M252b

Manzione, Leonardo
  BIM e inovação em gestão de projetos : de acordo com a norma ISO 19650 / Leonardo Manzione, Silvio Burrattino Melhado, Claudino Lins Nóbrega Júnior. – 1. ed. – Rio de Janeiro : LTC, 2021.

  Inclui bibliografia e índice
  Inclui glossário
  ISBN 978-85-216-3759-2

  1. Modelagem de informação da construção. 2. Construção civil – Simulação por computador. 3. ISO 19650. 4. Projetos de engenharia. 4. Engenharia civil. I. Melhado, Silvio Burrattino. II. Nóbrega Júnior, Claudino Lins. III. Título.

21-71486
CDD: 690.0287
CDU: 69.03

Meri Gleice Rodrigues de Souza - Bibliotecária - CRB-7/6439

Dedicamos este livro a nossas filhas e nossos filhos, sanguíneos ou intelectuais.

Por elas e por eles, para elas e para eles, nós nos tornamos quem somos e fomos capazes de chegar aonde chegamos.

Sobre os autores

Leonardo Manzione

Engenheiro civil, mestre e doutor em Engenharia Civil pela Escola Politécnica da Universidade de São Paulo (Poli-USP). É professor do curso de Especialização em Gestão de Projetos na Construção desta instituição atua nas áreas de Gestão de Projetos e *Building Information Modelling*, Planejamento, Coordenação de Projetos, Planejamento do Processo do Projeto e Integração Projeto-Obra. Suas pesquisas se concentram em gestão do processo de projeto e BIM. É diretor da COORDENAR: Consultoria BIM e Coordenação de Projetos. Autor das especificações técnicas do primeiro manual BIM do Brasil para obras públicas (Governo do Estado de Santa Catarina). É Coordenador do Grupo Ambiente Comum de Dados, parte da norma BIM de processos ABNT ISO 19650.

Sua tese de doutorado é o primeiro trabalho no Brasil que pesquisou a Gestão do Processo de Projeto Colaborativo com o uso do BIM.

Silvio Melhado

Engenheiro civil, mestre, doutor e livre-docente pela Escola Politécnica da Universidade de São Paulo (Poli-USP). Concluiu pós-doutorados na França, pela Université Pierre Mendès France – Centre de Recherche en Innovation Socio-Technique et Organisation Industrielle (UPMF-CRISTO); no Canadá, pela Université du Québec – École de Technologie Supérieure (ÉTS); e na Inglaterra, pela Loughborough University. É professor sênior no Departamento de Engenharia de Construção Civil da Poli-USP, professor convidado na Escola Politécnica da Universidade de Pernambuco (Poli-UPE) e Professeur Agrégé na École de Technologie Supérieure (ÉTS-Montréal). Atua nas áreas de Gestão de Projetos, Gestão da Qualidade, Inovação na Construção Civil, *Building Information Modelling*, Sustentabilidade e Desempenho, Gestão de Empresas de Projeto, Sistemas de Gestão e Certificação de Sistemas. É Coordenador da Comissão Internacional Architectural Design and Management (W96) do International Council for Research and Innovation in Building and Construction – CIB.

Suas teses de doutorado e de livre-docência trataram, de forma pioneira, a gestão do processo de projeto e suas relações com a gestão de empreendimentos e a gestão de empresas de projeto do setor da construção.

Claudino Lins Nóbrega Júnior

Arquiteto e urbanista pela Universidade Federal da Paraíba (UFPB), mestre em Engenharia de Produção pela mesma instituição e doutor e pós-doutor em Engenharia Civil pela Escola Politécnica da Universidade de São Paulo (Poli-USP) e pós-doutor pela mesma instituição. É professor do Departamento de Engenharia Civil e Ambiental da UFPB, onde atua nas áreas de Arquitetura e de Engenharia, com ênfase em Gestão de Projetos.

Sua tese de doutorado discute o perfil profissional na atuação em Coordenação de Projetos de Edifícios.

Apresentação

por Rafael Sacks

(tradução de Flora Vaz Manzione)

Na ocasião em que conheci Leonardo Manzione, ele me explicou em detalhes por que acredita que a modelagem da informação da construção (BIM), como atividade de projeto e construção, deve seguir um processo claramente definido e bem planejado. Nos vários anos que se seguiram desde então, ele dedicou muito de sua energia profissional para pensar a forma que esse processo deve ter, e esse foi o tema central de sua tese de doutorado.[1] Sua pesquisa, bem como seus anos de ensino e prática no setor, deixam evidente que esse é um tema pelo qual ele é fascinado, e esse fascínio é a base deste livro, *BIM e inovação em gestão de projetos*.

O professor Silvio Melhado é um veterano em pesquisas sobre coordenação de projetos, construção e BIM. Seu primeiro trabalho na área foi publicado em 1994, e ele possui um vasto registro de publicações e trabalhos acadêmicos. O professor Melhado foi orientador da tese de doutorado de Leonardo Manzione, e juntos escrevem artigos sobre gestão da construção desde 2004. Essa longa parceria é um ingrediente essencial deste livro, que é a mais recente contribuição da dupla.

No livro, Manzione e Melhado, junto com o professor Nóbrega, oferecem uma visão abrangente das formas pelas quais os processos de BIM devem ser planejados. Isso é primordialmente um processo do setor da construção, no qual a comunicação é fundamental. O livro não trata dos produtos de

---

[1] MANZIONE, L. *Proposição de uma estrutura conceitual de gestão do processo de projeto colaborativo com o uso do BIM*. 2013. Tese (Doutorado) – Universidade de São Paulo, São Paulo, 2013.

informação específicos que os projetistas devem fornecer, mas sim sobre como esses profissionais podem organizar o trabalho e estruturar suas atividades para entregar, durante o processo, o valor certo para as pessoas certas e no tempo certo. Apesar de os sistemas BIM permitirem que as pessoas produzam informações altamente precisas e eficazes de forma muito eficiente, a sofisticação tecnológica desses sistemas pode ser sedutora, levando as pessoas a produzir enormes quantidades de informações de projeto extremamente detalhadas e primorosamente integradas, o que é ao mesmo tempo algo prematuro e de pouco valor, pois não se alinha às necessidades do cliente. Os projetos de construção exigem a coordenação entre vários especialistas e um planejamento cuidadoso da evolução do processo de projeto e das trocas de informação, para que se crie valor sem gerar enorme desperdício ao longo do processo.

Conforme os sistemas BIM foram se tornando cada vez mais sofisticados, o mesmo aconteceu com os processos de gestão de projetos BIM. A norma internacional publicada recentemente, a ISO 19650, é uma ferramenta formal que estrutura o processo de projeto com o uso de BIM. Os papéis de coordenador de projeto, gerente BIM e de gerente de informação foram estabelecidos e, com eles, criou-se a demanda por profissionais com habilidades e conhecimentos altamente especializados para exercê-los. É para eles – os coordenadores de projeto, gerentes BIM e gerentes de informação – que este livro terá maior utilidade, pois são esses profissionais que têm a função de guiar os projetistas em um processo produtivo que, em última instância, lhes permita trabalhar em uma equipe coesa e produzir projetos de valor e informações de projeto realmente úteis.

BIM e inovação em gestão de projetos é um livro que complementa os textos clássicos de BIM que já existem nas prateleiras de muitos arquitetos e engenheiros, posicionando-se ao lado do *BIM handbook*[2] e outros. É uma obra única, pois apresenta foco nítido no tema de gestão de projetos com o uso do BIM, oferecendo orientação em um nível de detalhes que não se encontra em outras publicações.

Rafael Sacks é professor de Engenharia Estrutural e Gestão da Construção do Technion (*Israel Institute of Technology*) e um dos especialistas em BIM mais reconhecidos no mundo.

---

[2] SACKS, R.; EASTMAN, C. M.; LEE, G.; TEICHOLZ, P. *BIM handbook*: a guide to building information modeling for owners, designers, engineers, contractors and facility managers. New Jersey: John Wiley and Sons, Hoboken, 2018.

Criou os Laboratórios de Construção Virtual e BIM no *National Building Research Institute* do Technion, cuja pesquisa inclui o desenvolvimento de sistemas de controle de produção enxuta com uso de BIM, sistemas BIM para identificação, resgate e recuperação sísmica, interoperabilidade para BIM e projetos de segurança usando modelos de construção virtuais.

Recebeu vários prêmios por pesquisa e ensino, sendo o mais recente o prêmio Thomas Fitch Rowland, do Instituto de Construção da ASCE (*American Society of Civil Engineers*).

Prefácio

Tão desafiador quanto apaixonante, o advento da modelagem da informação da construção trouxe aos profissionais que atuam na gestão de projetos na construção civil novos conceitos, novos processos, novos recursos e novas exigências de formação e capacitação.

Como ocorre com toda inovação, a disseminação de conhecimento em BIM não é imediata e nem extensiva a todos os segmentos de atuação e categorias de profissionais, passando por estágios crescentes na sua implementação.

Este livro propõe-se a contribuir, ao mesmo tempo, de forma conceitual e prática, para a evolução da atuação de engenheiros, arquitetos, tecnólogos ou técnicos que atuam em funções relacionadas à gestão de projetos e adotam a modelagem da informação da construção em seus processos.

Antes de nos debruçarmos sobre a proposta de produzir esta publicação, avaliamos os diversos textos existentes, para podermos trazer um material novo, mais atualizado e, principalmente, mais detalhado, voltado aos cursos de pós-graduação, MBA e especialização que abordam a gestão de projetos na construção civil.

Como resultado, o conteúdo deste livro contempla desde os conceitos de gestão do processo de projeto nos empreendimentos de construção, até a discussão do processo de inovação necessário para a transição tecnológica que o BIM exige. Passa por questões fundamentais, como o planejamento do processo de projeto, o processo de projeto usando a modelagem da informação da construção, a qualidade dos modelos, as competências e maturidade em BIM e a apresentação da Norma ISO 19650, recém-chegada ao mercado nacional, de forma a municiar nossos leitores e leitoras com todos os principais elementos necessários à sua inserção neste novo universo profissional que se organiza em torno do BIM.

Em todos os capítulos deste livro são propostos exercícios para maior compreensão e desenvolvimento dos temas tratados, que podem ser realizados individualmente ou, em vários casos, por grupos de estudos.

Além do conteúdo apresentado aqui, foi especialmente preparado um material suplementar, que contém informações e exemplos adicionais, proporcionando maior profundidade quanto às práticas relacionadas à utilização da modelagem da informação da construção na gestão de projetos.

Esperamos que a nossa experiência e o nosso entusiasmo quanto à temática deste livro venham a se somar ao dos nossos leitores e leitoras, para que, juntos, sejamos crescentemente capazes de evoluir nos nossos papéis de disseminadores das melhores práticas em gestão de projetos e uso da modelagem da informação da construção.

Boa leitura!

Os autores.

Material Suplementar

Este livro conta com os seguintes materiais suplementares:

Para todos os leitores:

- Videoaulas para cada capítulo (requer PIN).
- Lista de atividades de projeto (.xlsx) (requer PIN).
- Macro DSM em pasta zipada (arquivo .xla e manual com orientações .pdf) (requer PIN).
- *Template* de um plano de execução BIM (.docx) (requer PIN).
- Modelos BIM de arquitetura, de estrutura, de elétrica, de hidráulica e de ar-condicionado (.IFC) (requer PIN).

Ao longo do livro, quando o material suplementar é relacionado com o conteúdo, o ícone 🔍 aparece ao lado.

O acesso ao material suplementar é gratuito. Basta que o leitor se cadastre em nosso *site* (www.grupogen.com.br), clicando em GEN-IO, no *menu* superior do lado direito. Em seguida, clique no menu retrátil (☰) e insira o código (PIN) de acesso localizado na orelha deste livro.

O acesso ao material suplementar online fica disponível até seis meses após a edição do livro ser retirada do mercado.

Caso haja alguma mudança no sistema ou dificuldade de acesso, entre em contato conosco (gendigital@grupogen.com.br).

GEN-IO (GEN | Informação Online) é o ambiente virtual de aprendizagem do GEN | Grupo Editorial Nacional

Sumário

CAPÍTULO **1** 1

O que é gestão do processo de projeto? 1

Introdução 1

1.1 Diferenças entre gestão, coordenação e compatibilização 3

1.1.1 Gestão do processo de projeto e coordenação de projetos 3

1.1.2 Coordenação de projetos e compatibilização de projetos 8

1.1.3 Verificação, análise crítica e validação das etapas de projeto 9

1.2 Coordenador de projetos, BIM *manager* e gerente da informação: novos agentes ou novos papéis? 11

1.2.1 Evoluções trazidas pelo advento da modelagem da informação da construção (BIM) 12

1.2.2 Novas competências de gestão associadas à modelagem da informação da construção (BIM) 13

Próximos capítulos: boas práticas de gestão e tendências para inovação 16

Exercícios de aplicação 18

Referências 19

CAPÍTULO **2** 21

Planejamento do processo de projeto 21

2.1 Papel do planejamento do processo de projeto 21

2.1.1 Retrabalho 22

xviii Sumário

2.2 *Design Structure Matrix (DSM)*..23

2.2.1 Representação gráfica e interpretação da DSM 23

2.2.2 Como ler a DSM 25

2.2.3 Regiões importantes da DSM......................................27

2.2.4 Particionamento da DSM 28

2.3 **Metodologia ADePT para planejamento de projetos** 29

2.3.1 Exemplo prático de aplicação da metodologia ADePT..............31

2.3.2 Tabela de informações...33

Conclusões...44

Exercícios de aplicação...45

Referências 46

CAPÍTULO **3** 47

Processo de projeto em BIM..47

3.1 **Estrutura conceitual da gestão**..47

3.1.1 Representação da estrutura conceitual 48

3.1.2 Nível de maturidade do projeto 49

3.2 **Escopos de projeto e definição de entregáveis**..........................51

3.2.1 Escopos de projeto..51

3.2.2 Entregáveis de projeto 51

3.2.3 Nível de informação necessário..................................53

3.2.4 Qualidade da informação entregável..............................54

3.3 **Plano de Execução BIM**..54

3.3.1 Preliminares..54

3.3.2 Elementos do plano de execução BIM 56

Exercícios de aplicação...62

Referências 63

CAPÍTULO **4** 65

Qualidade dos modelos e a tecnologia BIM: o *kit* de ferramentas do coordenador de projetos 65

4.1 **Compatibilização: detecção ou prevenção de colisões?** 65

Sumário **xix**

4.2 Como prevenir a necessidade da compatibilização 67

4.2.1 Problema de caráter cultural e universal 67

4.2.2 Principais causas de falhas de compatibilização 68

4.2.3 Estratégias de prevenção da ocorrência de colisões 70

4.3 Boas práticas para a compatibilização de projetos 72

4.3.1 Definição 72

4.3.2 Ciclo da compatibilização de projetos 72

4.3.3 Boas práticas para minimizar e organizar os problemas
de compatibilização 73

4.4 Ambiente comum de dados 77

4.4.1 Que é um CDE? 78

4.4.2 Componentes básicos de um CDE 78

4.4.3 Gestão de pacotes de dados estruturados com o
uso de metadados 80

4.4.4 Funcionalidades de um CDE 82

4.5 Comunicação e trocas colaborativas da informação 84

4.5.1 Informações contidas em um arquivo BCF 84

4.5.2 Providência fundamental: abolir o uso do *e-mail* no projeto 86

Exercícios de aplicação 89

Referências 91

CAPÍTULO 5 93

Competências e maturidade em BIM 93

Introdução 93

5.1 Como definir competências e avaliar maturidade 94

5.1.1 Que são competência e maturidade em BIM? 94

5.1.2 Estágios de evolução da maturidade em BIM
nas organizações 95

**5.2 Ferramenta para avaliação da maturidade da empresa
e do profissional** 100

5.2.1 Matriz de maturidade em BIM 101

xx Sumário

5.3 **Exemplo de utilização da matriz de maturidade em BIM** 102

Exercício de aplicação 108

Referências 108

CAPÍTULO 6 111

Introdução à Norma ISO 19650 – Gestão da informação utilizando a modelagem da informação da construção (BIM) 111

6.1 **Visão geral, histórico e importância** 111

6.1.1 Parte 2: fase de entrega dos ativos 113

6.2 **Que significa gestão da informação?** 114

6.3 **Que significam ativos e modelos de informação?** 114

6.4 **Que são os requisitos de informação?** 115

6.4.1 Requisitos de informação da organização 116

6.5 **Gestão das informações durante a fase de entrega do ativo** 118

6.5.1 Etapa 1: determinação das necessidades 119

6.5.2 Etapas 2 e 3: convite e resposta à licitação 120

6.5.3 Etapas 4 e 5 120

6.5.4 Etapas 6, 7 e 8: produção, entrega da informação e encerramento do projeto 121

6.6 **Que é produção colaborativa de informação?** 122

6.6.1 Criar a informação 122

6.6.2 Compartilhar as informações 124

6.6.3 Entrega de informações 125

Exercícios de aplicação 128

Referências 128

CAPÍTULO 7 129

Inovação em gestão de projetos e BIM 129

7.1 **Que é e como se produz inovação?** 129

7.1.1 Barreiras para a inovação 130

7.1.2 Tecnologia, processos, pessoas e gestão: os quadrantes da inovação...132

7.1.3 Processo de inovação 134

7.2 Inovação e tendências tecnológicas para o processo de projeto e sua gestão.. 136

7.2.1 As quatro revoluções industriais..136

7.2.2 Principais inovações associadas à modelagem da informação da construção (BIM) 138

Exercícios de aplicação..143

Referências 144

Glossário 145

Índice alfabético 147

CAPÍTULO 1

O que é gestão do processo de projeto?

Neste capítulo, serão explorados conceitos fundamentais para a gestão do processo de projeto. Esses conceitos, na verdade, já existem de forma consolidada, independentemente do uso ou não da modelagem da informação da construção (BIM).

Temas básicos como gestão, coordenação e compatibilização, papéis do coordenador de projetos, do BIM *manager* e do gerente da informação, e as principais evoluções trazidas pelo advento da modelagem da informação da construção (BIM) serão tratados e explicados aqui.

Ao final do capítulo, serão apresentados alguns exercícios sobre o tema e as principais referências para ampliar o conhecimento relativo aos assuntos expostos.

Introdução

O projeto é frequentemente confundido com o resultado, ou seja, com o que é entregue ao final do projeto. No entanto, para realizar a gestão do projeto, é indispensável, inicialmente, que ele seja definido, planejado, executado e controlado como um processo. Pensar o projeto como um processo, para muitos, já constitui uma evolução significativa. O que é, então, um processo?

Um processo nada mais é do que uma sequência organizada e predeterminada de atividades, associada a seus respectivos instrumentos de controle, orientados a se atingirem determinados objetivos. Para que isso aconteça, essas atividades são organizadas em etapas, os objetivos de cada etapa são estabelecidos e são realizados controles que autorizam a passagem de uma etapa à seguinte.

Por seu lado, a gestão do processo consiste em um conjunto de ações relacionadas com planejamento, organização, direção e controle desse processo, tendo por objetivo garantir as finalidades dele.

O conjunto dessas definições aplicado à gestão do processo de projeto resultará, portanto, no seu entendimento como um conjunto de ações para planejar, organizar, dirigir e controlar o processo de projeto.

O projeto de um produto, nesse caso a edificação, apresenta grande complexidade técnica e, por essa razão, envolve muitos profissionais, atuantes em suas respectivas especialidades.

Dessa maneira, a gestão do processo de projeto de edifícios abrange ações que vão desde os aspectos de natureza estratégica, em que se estabelecem estudos de demanda, prospecção de terrenos, captação de investimentos, definição das características do edifício, até os aspectos vinculados ao desenvolvimento do projeto propriamente dito, passando por seleção e contratação dos especialistas que comporão a equipe de projeto, assim como por seleção e implementação de ferramentas digitais que serão utilizadas pelos diversos profissionais envolvidos.

A definição do processo, portanto, precede a seleção e a aplicação das ferramentas digitais. Não se pode falar delas sem que, antes, o processo de projeto esteja claramente definido.

No processo de projeto de edificações, com base em normas técnicas, guias, manuais e diretrizes, a gestão define antecipadamente as suas etapas, como, por exemplo, a elaboração de um programa de necessidades e estudo de viabilidade, a formalização do produto, seu detalhamento, o planejamento da execução do produto, a entrega e a retroalimentação do processo. Ao longo do desenvolvimento do processo de projeto, com tantos profissionais especialistas envolvidos, cada qual dedicado a uma fração das atividades de projeto, será fundamental a manutenção da unidade do conjunto delimitado pelas etapas descritas, sobretudo para garantir o alcance dos objetivos finais do projeto.

A gestão do processo de projeto deve, por tais razões, ser entendida também como a gestão da equipe de projeto, em conexão com os objetivos do projeto.

O papel da gestão do processo de projeto, muito além de assegurar o cumprimento de prazos, está centrado na missão de conduzir a equipe de projetos à obtenção de um projeto coerente com os objetivos do empreendimento e capaz de subsidiar a construção de edifícios com a qualidade, o desempenho e a sustentabilidade requeridos.

Entendendo a gestão do processo de projeto como um conjunto coordenado de ações direcionadas para a qualidade final do projeto e dos seus produtos, ou seja, os edifícios e as obras de infraestrutura concluídos, este capítulo apresentará as principais diferenças entre os termos frequentemente associados à gestão do processo de projeto, distinguindo "gestão" de "coordenação" e de "compatibilização". Ainda neste capítulo, serão discutidos os papéis de agentes ligados à gestão do processo de projeto, tais como o coordenador de projetos, o BIM *manager* e o gerente da informação.

1.1 Diferenças entre gestão, coordenação e compatibilização

Para entender e aplicar os fundamentos da gestão do processo de projeto, que serão detalhados no decorrer da leitura deste livro, com suas respectivas aplicações voltadas à modelagem da informação da construção, é preciso diferenciar alguns dos termos muito utilizados na prática profissional, nem sempre evocados de forma clara e precisa.

Muitos confundem a gestão com a coordenação. Outros acreditam que coordenação e compatibilização são palavras equivalentes ou sinônimas.

Na verdade, no Brasil, a cultura de uso desses termos é muito variável, seja em relação ao seu uso nos diversos segmentos de construção, seja em relação ao aspecto geográfico.

As definições adotadas aqui, pautadas no aspecto didático, não serão encontradas em normas técnicas oficiais; porém, são bastante consensuais entre os *experts* do tema. A sua clara compreensão deverá contribuir para que as práticas de gestão do processo de projeto sejam mais eficientes e eficazes, que é o maior propósito dos autores deste livro.

Essas definições, além de tudo, ajudarão os gestores a conduzirem com sucesso a aplicação das ferramentas digitais que compõem a tecnologia de modelagem da informação da construção (BIM).

1.1.1 Gestão do processo de projeto e coordenação de projetos

A gestão do processo de projeto é um conjunto de atividades de gestão necessárias em todas as etapas desse projeto, desde sua formulação inicial, antes mesmo que ele esteja claramente definido, até a conclusão das atividades de projeto, que somente se encerram, a rigor, depois da entrega do empreendimento.

4 Capítulo **1**

Atualmente, a gestão do processo de projeto na construção civil tornou-se uma prática mandatória, e as ferramentas digitais têm enorme potencial para criar condições muito favoráveis ao seu exercício com maior agilidade e precisão. Pode-se afirmar que, na realidade, o advento da modelagem da informação da construção (BIM) trouxe mais recursos para potencializar a gestão do processo de projeto, dentro dos mesmos moldes conceituais já anteriormente consagrados.

No que consiste, então, a gestão do processo de projeto? Qual é o seu papel na condução do processo de projeto no contexto do empreendimento de construção?

Essencialmente, fazem parte da **gestão do processo de projeto** as seguintes atividades:

- estabelecer os objetivos e os parâmetros para o processo de projeto;
- definir os escopos de projeto, segundo suas especialidades e etapas;
- planejar os custos e as contratações necessárias ao processo de projeto;
- planejar as etapas e estabelecer seus prazos de desenvolvimento, no todo e por especialidades de projeto;
- controlar e adequar os prazos planejados para as diversas etapas e especialidades de projeto;
- controlar os custos e os contratos de serviços de projeto e as consultorias a ele associadas;
- garantir a qualidade das soluções técnicas adotadas nos projetos;
- validar, ou fazer validar pelo cliente, conforme o caso, as etapas de projeto e os produtos delas resultantes;
- fomentar a colaboração e a comunicação entre os projetistas, coordenar as interfaces e garantir a compatibilidade entre as soluções das várias especialidades envolvidas no projeto;
- integrar as soluções de projeto com as fases subsequentes do empreendimento, particularmente na interface com o planejamento, o orçamento e a execução das obras.

A gestão do processo de projeto, extremamente vinculada à iniciativa de um empreendedor, que será o agente definidor das estratégias e dos parâmetros que nortearão o projeto, é frequentemente exercida pelo próprio contratante de projetos, nas fases iniciais do projeto, ou pela sua equipe. Segundo as estruturas organizacionais definidas e de acordo com o porte e a complexidade do empreendimento de construção, essa gestão poderá envolver mais de um profissional, passando sua incumbência, por vezes, de um gestor a outro, conforme evolui o projeto. Esse é o caso da maior parte dos projetos de incorporação imobiliária, por exemplo, em que a coordenação das fases anteriores à legalização do empreendimento, com frequência, fica sob responsabilidade da equipe da incorporadora – passando, após a aprovação legal do projeto, às mãos de outra coordenação, ligada à construtora.

Em termos de escopo e de duração, a gestão do processo de projeto é mais extensa e abrangente do que a coordenação de projetos.

A **coordenação de projetos**, independentemente de quem será responsável por exercê-la, é uma forma de gestão focada na direção das atividades da equipe de projeto, das atividades desenvolvidas pelos diversos especialistas que a compõem, por vezes, denominadas "disciplinas de projeto": arquitetura, paisagismo, estruturas, sistemas prediais hidrossanitários, sistemas prediais elétricos, vedações, fachadas, entre outras, além das especialidades de consultoria associadas. É variável a composição da equipe de projetos, segundo as características do "produto edificação" a ser projetado.

Nóbrega Júnior (2012) afirma que "*a coordenação de projeto [...] é caracterizada basicamente pela responsabilidade em duas grandes áreas: a gestão do processo de projeto (planejamento e controle) e a coordenação técnica do projeto, que realiza tarefas como reuniões de coordenação, análise da compatibilização, análise crítica do projeto e proposições de soluções técnicas de projeto*".

A coordenação de projetos é fundamental para a obtenção da qualidade nos projetos. Ela deve promover a interação adequada entre os projetistas, a análise de custo e de desempenho dos materiais, os sistemas e os equipamentos que serão utilizados, realizar o controle das diretrizes de projeto (definidas no Plano de Execução BIM, Capítulo 3, Seção 3.3, deste livro) e seus prazos de desenvolvimento (ver Planejamento do Processo de Projeto, no Capítulo 2), como também realizar reuniões em datas-chave com a participação dos projetistas.

Um dos primeiros trabalhos publicados, no Brasil, tratando do tema da coordenação de projetos é a dissertação de mestrado do professor Godofredo Marques, datada de 1979. Em uma representação do processo de projeto como uma espiral que percorre as disciplinas, o professor Marques ilustrou uma característica inerente aos projetos de construção civil, que permanece extremamente válida e verdadeira, colocando o coordenador de projetos em seu centro (Fig. 1.1).

De modo abstrato, pode-se enxergar a coordenação de projetos como um "subconjunto" da gestão do processo de projeto, em contato direto com as disciplinas de projeto, promovendo a sua interação dentro de etapas

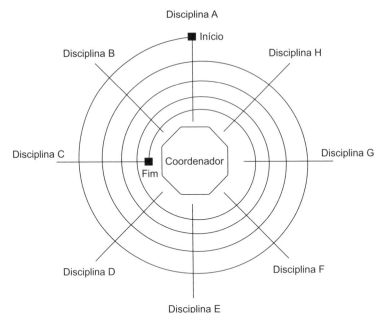

Figura 1.1 O processo e o coordenador de projetos.
Fonte: Marques (1979).

planejadas e controladas de projeto. O Quadro 1.1 apresenta uma relação de disciplinas envolvidas nos projetos de edifícios, de forma não exaustiva e meramente ilustrativa, para que se tenha uma ideia do potencial número de agentes envolvidos no processo de projeto.

Destaque-se, no entanto, que a citada abstração não significa obrigatoriamente uma hierarquia ou atribuição de funções. Existem várias possíveis combinações entre as atividades de gestão do processo de projeto e de coordenação de projetos; por isso, conforme o caso, haverá uma separação entre elas, atribuindo-as a pessoas diferentes, ou, até, a equipes diferentes.

O mais relevante é que se entenda o papel da coordenação de projetos para o sucesso do processo de projeto e, evidentemente, para o alcance dos objetivos do empreendimento. Quem exatamente o exercerá, ou se esse papel envolverá mais de uma pessoa em seu exercício, é um assunto a ser detalhado para cada empreendimento, de acordo com seu contexto.

A qualidade do trabalho de coordenação, quanto a abrangência e visão crítica, terá grande impacto sobre o sucesso do empreendimento. No desenvolvimento do projeto, esse trabalho de coordenação ao longo das suas várias etapas é fundamental para os resultados, supervisionando o desen-

O que é gestão do processo de projeto? **7**

Quadro 1.1 Disciplinas de projeto

	GRUPOS DE PROJETOS	DISCIPLINAS/ESPECIALIDADES
Projeto do produto	Arquitetura	Arquitetura; Paisagismo; Luminotécnica; Conforto térmico; Interiores; Comunicação visual; etc.
	Estrutura	Contenções; Fundações; Superestrutura – a concreto armado ou protendido (moldado *in loco* ou pré-fabricado); aço; madeira; alvenaria estrutural; estruturas mistas; etc.
	Sistemas prediais hidrossanitários	Hidráulicas – água fria e quente; Prevenção e combate a incêndio; Esgoto sanitário e águas pluviais/drenagem; Outros fluidos – gás, aquecimento; etc.
	Sistemas prediais elétricos e de comunicação	Instalações elétricas; Centrais de medição; Transformadores; Telefonia; Comunicação e dados (redes); Vídeo, áudio e sonorização; Acústica; Segurança patrimonial; Automação predial; etc.
	Sistemas prediais eletromecânicos	Ar condicionado; Elevadores, monta-cargas, escadas e esteiras rolantes; Cozinha industrial
Projeto para produção	–	Fôrmas das estruturas de concreto; Vedações; Fachadas; Esquadrias; Revestimentos; Impermeabilização
Consultoria	–	Custos; Orçamento; Racionalização construtiva; Análise crítica de projetos; Sustentabilidade; Riscos; etc.

Fonte: adaptado de Melhado *et al.* (2005).

volvimento das soluções técnicas e encaminhando as decisões que, além de atenderem aos objetivos do empreendimento, garantirão as informações necessárias para as fases seguintes da modelagem da informação: planejamento e orçamento da execução das obras, construção, entrega, gestão dos ativos construídos etc.

A coordenação também deverá identificar a eventual necessidade de participação de consultores, promoverá a comunicação adequada entre os projetistas, analisará custo e viabilidade de alternativas de projeto, enfim, terá a missão de elevar o projeto ao melhor de suas potencialidades.

Na definição estabelecida pelo Manual de Escopo de Projetos e Serviços de Coordenação de Projetos,[1] que se baseia no consenso adotado pelas entidades representativas dos contratantes, projetistas e coordenadores de projetos, tem-se a definição apresentada a seguir.

Coordenação de projetos: atividade de suporte ao desenvolvimento do processo de projeto voltado à integração dos requisitos e das decisões de projeto. A coordenação deve ser exercida durante todo o processo de projeto e tem como objetivo fomentar a interatividade na equipe de projeto e melhorar a qualidade dos projetos assim desenvolvidos. Cabe à coordenação garantir que as soluções técnicas desenvolvidas pelos projetistas de diferentes especialidades sejam congruentes com as necessidades e os objetivos do cliente, compatíveis entre si e com a cultura construtiva das empresas construtoras que serão responsáveis pelas respectivas obras. Nos casos em que o início de atuação da coordenação de projetos se der em uma fase mais adiantada, a coordenação de projetos deverá tomar ciência dos produtos gerados nas atividades das fases anteriores, já validados, ou complementar o que foi desenvolvido, caso necessário.

1.1.2 Coordenação de projetos e compatibilização de projetos

Embora aconteça com frequência, é errado utilizarem-se "coordenação" e "compatibilização" como termos sinônimos.

Discutiu-se anteriormente o conceito de coordenação de projetos e sua inserção na gestão do processo de projeto. O quê, então, seria a tal "compatibilização de projetos"?

Muitos projetos, em determinada etapa do seu detalhamento, contêm problemas de consistência das soluções técnicas das disciplinas de projeto, ou conflitos entre duas ou mais disciplinas, originando-se daí a necessidade da chamada "compatibilização de projetos", para identificar tais inconsistências e conflitos e conduzir as modificações necessárias à sua eliminação. Nesse sentido, como tais conflitos ocorrem quase que de modo invariável, a compatibilização de projetos é vista por muitos como imprescindível, embora ela seja fruto de situações não estudadas ou não resolvidas anteriormente, no decorrer das etapas de projeto.

---

[1] Os manuais de escopo de serviços de projeto são publicações recomendadas pelos contratantes de projeto, como o SECOVI-SP e o SindusCon-SP. A sua versão atualizada pode ser encontrada em: http://www.manuaisdeescopo.com.br/manual/coordenacao/. Acesso em: 13 abr. 2021.

Nessa mesma linha de pensamento, uma atuação exemplar da coordenação de projetos, em tese, levaria à eliminação da necessidade de compatibilização, uma vez que, supostamente, as soluções técnicas adotadas no detalhamento do projeto estariam livres de inconsistências e de conflitos. E, mesmo que não seja possível eliminá-la, como princípio de gestão, a coordenação deve se pautar por evitar, ou extinguir o quanto antes, qualquer inconsistência ou conflito gerado no desenvolvimento do projeto.

Portanto, ao se esclarecer a diferença entre coordenação e compatibilização de projetos, fica evidenciado que a coordenação envolve a interação entre os diversos projetistas desde as primeiras etapas do processo de projeto, para discutir e viabilizar as soluções para ele.

A coordenação deve atuar no sentido de evitar as possíveis discrepâncias ou incoerências entre as informações produzidas por diferentes membros da equipe de projeto. A cada etapa de projeto, os modelos criados pelas diferentes especialidades são superpostos para verificar as interferências entre eles, e os problemas são evidenciados para que a coordenação possa agir sobre eles e solucioná-los, de forma a eliminar futuras demandas de compatibilização.

Acredita-se, portanto, que as tecnologias digitais associadas à modelagem da informação da construção (BIM), se adequadamente utilizadas, podem permitir níveis elevados de eficiência e de eficácia da coordenação de projetos, descartando a compatibilização final dos projetos; ou, em outras palavras, essa compatibilização passaria a ocorrer, de forma distribuída e antecipada, em todo o processo de projeto. No entanto, em condições de aplicação parcial dos recursos associados à modelagem (BIM), ou se o processo de projeto apresentar lacunas, não há como afirmar isso.

Daí se reforça a importância dos controles exercidos pela coordenação de projetos, para que se garanta a qualidade das soluções adotadas.

Independentemente do estágio de aplicação da modelagem (BIM), a coordenação de projetos deverá fazer uso de recursos para controle das etapas de projeto, promovendo atividades de verificação, análise crítica (*design review*) e validação dos elementos de projeto, o que, sem sombra de dúvida, ao final do processo, reduzirá a demanda pela compatibilização de projetos.

1.1.3 Verificação, análise crítica e validação das etapas de projeto

A seguir, para se estabelecerem claramente as atividades de controle indispensáveis à gestão do processo de projeto, apresentam-se as definições de verificação, análise crítica e validação de projetos, sendo as duas últimas retiradas do glossário que consta do *Manual de escopo de projetos e serviços de coordenação de projetos.*

Verificação de projetos: controle da qualidade dos dados e documentos de projeto (e demais documentos emitidos no processo de projeto), antes de sua disponibilização aos demais projetistas, ao coordenador de projetos, ao cliente ou outros agentes envolvidos.

Análise crítica de projetos: avaliação documentada, profunda, global e sistemática das soluções ou documentos de projeto, e demais elementos auxiliares, como propostas técnicas, relatórios e orçamentos, quanto à sua pertinência, sua adequação e sua eficácia em atender aos requisitos[2] para o projeto, identificar problemas e propor o desenvolvimento de soluções para tais problemas, se houver.

O coordenador de projetos deve definir, em conjunto com os projetistas das diferentes especialidades, os principais pontos a serem avaliados ao final de cada etapa do projeto, segundo as características e a complexidade do empreendimento. Nesse sentido, listas de verificação, particularizadas segundo as características específicas do empreendimento, podem ser úteis como um referencial para a condução da análise crítica de projetos.

Validação de projetos: significa a comprovação, por meio da aprovação formal dos documentos de projeto pelo contratante, de que os requisitos para o projeto foram atendidos, considerados em parte (entregas parciais) ou no todo (entrega final). O conceito de validação também se aplica a outros tipos de documentos (atas, relatórios etc.), produzidos no âmbito dos relacionamentos formais estabelecidos entre os diversos envolvidos no processo de projeto.

As modificações realizadas durante o processo de projeto, que fazem parte do seu próprio desenvolvimento, na busca de alcançar os objetivos estabelecidos e assegurar o desempenho da edificação, não devem ser confundidas com as revisões de projeto.

---

[2] Requisitos, aqui, incluem todos aqueles que constam das normas técnicas oficiais, como as normas de desempenho (ABNT NBR 15575), por exemplo, que estabelecem requisitos para os sistemas que compõem os edifícios habitacionais; assim como requisitos oriundos de referenciais normativos para certificação ambiental, ou de outros tipos de certificação.

Revisão de projetos: significa criação e distribuição de novo documento de projeto que substitui e cancela documento anteriormente validado, para corrigir falha do documento anterior, ou para atender à solicitação do contratante.

Em suma, a cada etapa, os dados de entrada e de saída devem ser submetidos a um circuito de verificação (avaliação que faz parte do próprio desenvolvimento do projeto pelo projetista) e de análise crítica (desenvolvida ou contratada pela coordenação de projetos), que podem resultar em demandas de modificação dos projetos. Por último, a solução de projeto apresentada deverá ser submetida à coordenação de projetos, ou diretamente ao cliente-contratante, para validação. Uma não validação também demandará modificação dos projetos, significando que a etapa ainda não pode ser dada como concluída.

A Figura 1.2 esquematiza as atividades de controle que devem existir em cada etapa de projeto, internamente ao processo.

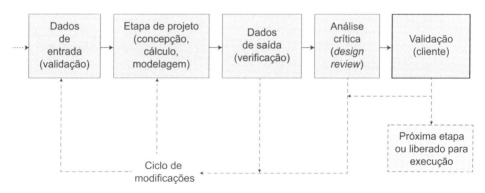

Figura 1.2 Atividades de controle do projeto a cada etapa.

1.2 Coordenador de projetos, BIM *manager* e gerente da informação: novos agentes ou novos papéis?

Mais importante do que se definirem agentes, é fundamental esclarecer os papéis desempenhados por eles. Na prática, como já foi dito em relação à própria coordenação de projetos, um mesmo agente pode acumular vários papéis, ou se responsabilizar apenas por uma fração, uma parte de um deles.

12 Capítulo 1

Outro aspecto a ser destacado é que, nos projetos de empreendimentos de construção, muitos dos papéis associados à gestão não existem desde sempre. Antes de existir a gestão, só havia o projeto, que antecedia à construção.

Como, então, se deu essa evolução?

Historicamente, pode-se dizer que a própria coordenação de projetos só começou a ser praticada, no início, em projetos de maior porte e complexidade. Em uma fase inicial, a coordenação de projetos era feita de forma diretamente associada ao próprio desenvolvimento dos projetos, na maioria dos casos.

Na década de 1990, o surgimento dos sistemas de gestão da qualidade nas empresas do segmento de edificações, pela sua própria natureza baseada em processos, estimulou a definição mais clara do processo de projeto e criou espaço para a maior formalização das funções de gestão. Desde então, de forma crescente, sua relevância se evidenciou, e a coordenação de projetos foi se consolidando. No entanto, a consciência da relevância de se exercer a coordenação de projetos para a potencialização dos resultados do processo de projeto não obrigou à existência de um modelo único, deixando abertas as várias possibilidades de arranjos organizacionais. Assim, até hoje, a coordenação de projetos apresenta-se sob diversos formatos possíveis, frequentemente vinculada ao próprio cliente ou à empresa de arquitetura; mas, também, em muitos casos, em uma configuração independente, exercida por uma empresa especializada contratada para tal – o que se denomina, em geral, "coordenação terceirizada".

1.2.1 Evoluções trazidas pelo advento da modelagem da informação da construção (BIM)

Entender as transformações trazidas pela modelagem da informação da construção (BIM) para o processo de projeto e para o exercício das funções de gestão a ele associadas é especialmente complexo, considerando-se que, na verdade, essas transformações ainda se encontram em pleno curso.

Em outros termos, a transição pela qual passa atualmente o setor da construção, transição essa que, claro, não se apresenta em igual estágio em diferentes países, ou em diferentes localidades de um mesmo país, exige que se leve em conta que as práticas anteriores ao advento do BIM ainda estão presentes e, em consequência, muitas práticas atuais podem ser vistas como igualmente transitórias.

Portanto, nem tudo mudou, ou mudará, no processo de projeto dos empreendimentos de construção. Mais do que isso, sendo as práticas de

O que é gestão do processo de projeto? **13**

gestão do processo de projeto bastante heterogêneas, é importante deixar claro que será feita referência às melhores, procurando sempre, neste livro, caminhar no sentido da inovação em gestão de projetos.

De forma similar ao que havia ocorrido nos anos 1990 por causa da introdução da gestão da qualidade, com o início da modelagem da informação da construção, principalmente a partir de 2010, as demandas de expertise no uso de tecnologias digitais de produção de modelos, ou de colaboração e de comunicação em ambientes comuns de dados (CDE), abriram novos campos profissionais, introduzindo funções como Coordenador BIM, Gerente BIM (ou *BIM manager*) e Gerente de informação.

De acordo com o artigo publicado por Kassem *et al.* (2018), a respeito desses papéis, o conflito é evidente na literatura acadêmica, em fóruns profissionais e em documentos de política sobre o impacto do BIM nas funções profissionais e na clareza das funções. Segundo esses mesmos autores, algumas associações de relevância (por exemplo, a *Associated General Contractors of America*) argumentam que o BIM não altera as funções e as responsabilidades fundamentais dos agentes participantes dos projetos.

1.2.2 Novas competências de gestão associadas à modelagem da informação da construção (BIM)

O Quadro 1.2 apresenta uma lista simplificada das competências de gestão introduzidas pelas demandas que surgiram da implementação e do uso da modelagem da informação da construção (BIM).

Quadro 1.2 Novas competências de gestão e de implementação da modelagem da informação da construção em projetos

Competências de implementação da modelagem da informação da construção (BIM)	Competências de gestão do processo de projeto utilizando BIM
Estabelecer os objetivos para o uso do BIM	Controlar a qualidade dos modelos e dos documentos produzidos
Estabelecer procedimentos e protocolos para uso do BIM	Verificar os diversos aspectos de consistência dos modelos
Dar apoio ao desenvolvimento de competências em BIM	Estabelecer a comunicação interna e a externa ao projeto

continua

14 Capítulo 1

Quadro 1.2 Novas competências de gestão e de implementação da modelagem da informação da construção em projetos *(Continuação)*

Competências de implementação da modelagem da informação da construção (BIM)	Competências de gestão do processo de projeto utilizando BIM
Garantir disponibilidade de *hardware* e *software* adequados	Gerenciar a produção e as entregas do projeto
Implementar novos *softwares* e tecnologias	Coordenar o processo e a equipe do projeto
Desenvolver as bibliotecas de componentes para modelagem	Coordenar a superposição e a adição de modelos das especialidades
Orientar membros do projeto quanto ao uso do BIM	Preparar especificações para o detalhamento de projetos
Promover a adoção das melhores práticas no uso de BIM	Gerenciar a publicação e o compartilhamento de modelos

Fonte: adaptado de Kassem *et al.* (2018).

Embora não haja consenso, em nível nacional ou internacional, sobre os papéis a serem desempenhados em cada uma dessas funções, a sua discussão é relevante para o entendimento das evoluções do processo de projeto, bem como da sua gestão, a partir da introdução da modelagem da informação da construção (BIM).

É importante esclarecer que se trata de definições que apresentam superposições de papéis e particularidades segundo a organização contratante e os segmentos de projeto, isso sem nem mesmo entrar em considerações a respeito de aspectos culturais próprios do setor da construção em diferentes países.

1.2.2.1 *Coordenador BIM*

Essa expressão, importada da equivalente na língua inglesa (*BIM coordinator*), não representa de forma adequada a maior amplitude do seu papel. Na verdade, ele é o responsável pela gestão do processo de projeto, assim como pela implementação das tecnologias digitais associadas à modelagem da informação da construção (BIM).

Existem, há vários anos, principalmente em países de língua inglesa, *BIM coordinators* atuando na implementação e no aperfeiçoamento do uso de tecnologias de modelagem da informação da construção. De modo semelhante ao que ocorreu no início da introdução da coordenação de projetos, muitos desses profissionais atuavam como projetistas ou em outras funções ligadas a projetos ou execução de obras de construção e destacavam-se por seu interesse e sua facilidade na aplicação dos novos recursos, antes de terem a oportunidade de se tornarem *BIM coordinators*.

Como a estrutura organizacional das empresas brasileiras é diferente e bastante diversificada, observa-se que, na maior parte dos casos, os Coordenadores BIM são coordenadores de equipes de projeto que utilizam a modelagem da informação da construção (BIM).

1.2.2.2 *Gerente BIM*

Qual é o papel do *BIM manager*?
Muitas das funções do Gerente BIM sobrepõem-se às dos Coordenadores BIM. Considerando-se BIM como o equivalente digital de processo de projeto,[3] tanto os Coordenadores BIM, quanto os Gerentes BIM assumem papéis associados às funções que compõem a coordenação de projetos, porém, integrando a elas as atividades de gestão necessárias à implementação da modelagem da informação da construção.

Conclui-se que, em muitos casos, o papel de *BIM manager* poderá ser exercido pelo profissional ou pela equipe responsável pela coordenação de projetos, desde que o encarregado da coordenação tenha, além das competências de gestão imprescindíveis à coordenação de projetos, também as competências técnicas necessárias ao entendimento e ao uso das tecnologias digitais de modelagem da informação da construção (BIM).

No entanto, em uma fase de transição tecnológica, é natural que não haja disponibilidade desse conjunto de competências, em igual grau, nos mesmos profissionais, dando assim origem à convivência, em um mesmo projeto, entre um Gerente BIM e um Coordenador de projetos.

1.2.2.3 *Gerente de informação*

Por último, com a criação de recursos de modelagem que permitem desenvolver, no âmbito virtual, uma representação quase perfeitamente realista dos ativos (edifícios e construções), denominados "gêmeos digitais", sugiram demandas para funções de gestão das informações desses ativos, dando origem ao gerente da informação.

---

[3] Em certo sentido, como processo, a modelagem da informação da construção (BIM) nada mais é do que o próprio processo de projeto que usa o BIM como recurso.

A norma ISO 19650:2018 (atualmente em processo de tradução pela ABNT) define a terminologia e os processos de gestão da informação, envolvendo a modelagem da informação da construção (BIM).

Essa norma ISO trata de uma abordagem de gestão de empreendimentos de construção, considerando que as informações digitais são trocadas entre as partes contratantes em todas as fases de um empreendimento: projeto, contratação, construção, comissionamento e entrega, bem como seu uso, operação e manutenção.

O papel do gerente da informação é claramente direcionado para as responsabilidades associadas à estruturação e manutenção da informação contida nos modelos. De certa forma, ele é um "guardião" da informação gerada, com o objetivo de tornar seu uso adequado a todos os agentes, em todas as fases do ciclo de vida de um empreendimento de construção.

Em conclusão, algumas nuances merecem ser destacadas aqui. Parte das dificuldades de compreensão dos papéis de cada um dos profissionais envolvidos, na verdade, pode ser atribuída ao uso do acrônimo BIM, na língua portuguesa ou em outras línguas latinas, como um adjetivo. No Brasil, o mercado de trabalho já adota BIM como forma de adjetivação. Isso se reforça ainda pelo uso dessas expressões no âmbito das empresas estrangeiras ou multinacionais, atuantes no Brasil, nos segmentos associados ao projeto.

Não obstante a situação vigente, entendendo-se que a modelagem da informação da construção (BIM) passará, em breve, a ser realmente o padrão universal e único adotado em projetos, pergunta-se: serão esses adjetivos ainda necessários?

Sem sombra de dúvida, poderá se tornar mais claro e simples dizer a quais atividades se refere a coordenação ou a gerência de que se fala. O gerente BIM poderia ser denominado simplesmente gerente de projetos, o coordenador BIM, coordenador de projetos, aos quais se junta, agora, o gerente da informação.

Espera-se que as normas técnicas brasileiras e publicações nacionais de referência, pouco a pouco, possam tornar mais bem adaptadas e claras as definições dos papéis desses profissionais de gestão.

Próximos capítulos: boas práticas de gestão e tendências para inovação

Nos próximos capítulos, a gestão do processo de projeto será "materializada" em profundidade pela apresentação de práticas fundamentais para o seu exercício com qualidade e elevado potencial de sucesso.

O Capítulo 2 tratará do planejamento do processo de projeto, essencial para que as atividades das diversas especialidades aconteçam de forma colaborativa e coordenada, dentro dos prazos estabelecidos para o projeto. Sem um bom planejamento, não há como se fazer uma boa gestão.

No Capítulo 3, a estrutura conceitual da gestão de projetos que adotam a modelagem da informação da construção (BIM), o escopo de projetos e a definição de entregáveis, associados ao plano de execução BIM, constituirão uma visão essencial das boas práticas da gestão do processo de projeto na atualidade.

Na sequência, o quarto capítulo contém temas como a compatibilização de projetos, o uso do ambiente comum de dados (CDE) e a comunicação e colaboração. Esclarece, dessa forma, práticas essenciais a serem adotadas no cotidiano da interação entre as disciplinas de projeto e a coordenação de projetos, quando se utiliza BIM.

O tema do Capítulo 5, que envolve competências e maturidade, traz elementos de enorme relevância para o diagnóstico dos processos e das equipes existentes e a correta implementação da modelagem da informação da construção (BIM).

No sexto capítulo, um assunto de forte contemporaneidade: a compreensão da novíssima Norma ISO 19650, que disciplina a gestão da informação ao longo de todo o ciclo de vida dos empreendimentos de construção.

E, finalmente, o Capítulo 7 fechará o conteúdo principal deste livro com a discussão acerca de como deve se dar o processo de inovação, com orientações para se obterem melhores resultados, bem como, quais são as atuais tendências tecnológicas associadas à modelagem da informação da construção (BIM) para o processo de projeto e sua gestão.

Exercícios de aplicação

Exercício 1.1

Inovação em gestão do processo de projeto – quais ferramentas digitais podem auxiliar a gestão?

Faça uma pesquisa e proponha o uso de, pelo menos, três ferramentas digitais para a gestão do processo de projeto, explicando sua aplicação e suas vantagens, em comparação às práticas convencionais.

A forma de apresentação das ferramentas deve utilizar um quadro resumindo os principais recursos, as características ou as comparações entre as ferramentas.

Insira os *links* para permitir a identificação das ferramentas ou de eventuais referências quanto ao uso delas.

Exercício 1.2

Analisar o escopo da coordenação de projetos

Acesse a versão atualizada do *Manual de escopo de projetos e serviços para coordenação de projetos*.[4] Para uma das fases de projeto apresentadas no *Manual*, avalie a necessidade de adaptação do seu texto à condição de desenvolvimento dos projetos com o uso de modelagem da informação da construção (BIM).

O que seria mantido e o que seria modificado? Quais serviços essenciais de coordenação de projetos teriam alterações, nessa condição, para a fase selecionada?

Justifique as suas afirmações com base nos conceitos e exemplos apresentados neste livro.

Sugestão para exercícios em grupos:

Se este exercício for trabalhado em grupos, cada um desses grupos pode analisar uma das fases de projeto descritas no *Manual*, promovendo-se, ao final, troca de ideias e debates entre os grupos incumbidos de cada fase.

Exercício 1.3

Contratação de coordenadores de projetos

Suponha que você seja um cliente-contratante de um empreendimento de construção ou exerça a contratação em nome dele. No projeto desse empreendimento será utilizada a modelagem da informação da construção (BIM) em todas as suas fases e disciplinas.

---

[4] Disponível em: http://www.manuaisdeescopo.com.br/manual/coordenacao/. Acesso em: 13 abr. 2021.

Para dado empreendimento de construção, à sua escolha, e que você deve descrever, você tem a incumbência de definir os termos do contrato que será utilizado para os serviços de coordenação de projetos desse empreendimento.

O que você incluiria nos termos contratuais quanto ao escopo de serviços do contratado? Pense nas atividades que o coordenador de projetos desenvolverá e considere que a compatibilização de projetos não seja parte dessa contratação.

VIDEOAULA
Assista à videoaula deste capítulo.

Referências

ASSOCIAÇÃO BRASILEIRA DE NORMAS TÉCNICAS – ABNT. *ABNT NBR 15575:2013 Edificações habitacionais – Desempenho*. Partes 1 a 6.

INTERNATIONAL ORGANIZATION FOR STANDARDIZATION – ISO. ISO 19650-1:2018. *Organization and digitization of information about buildings and civil engineering works, including building information modelling (BIM) – Information management using building information modelling – Part 1*: Concepts and principles.

KASSEM, M.; RAOFFA, N. L. A.; OUAHRANIB, D. Identifying and analyzing BIM specialist roles using a competency-based approach. CCC2018. *In*: CREATIVE CONSTRUCTION CONFERENCE, 30 June-3 July 2018, Ljubljana, Slovenia: Proceedings. Anais [...]. DOI 10.3311/CCC2018-135, 2018.

MARQUES, G. A. C. *O projeto na engenharia civil*. 1979. Dissertação (Mestrado) – Escola Politécnica, Universidade de São Paulo, São Paulo, 1979.

MELHADO, S. B. *Qualidade do projeto na construção de edifícios*: aplicação ao caso das empresas de incorporação e construção. 1994. Tese (Doutorado em Engenharia de Construção Civil e Urbana) – Escola Politécnica, Universidade de São Paulo, São Paulo, 1994.

MELHADO, S. B. *et al. Coordenação de projetos de edificações*. São Paulo: O Nome da Rosa, 2005.

MANUAL DE ESCOPO DE PROJETOS E SERVIÇOS PARA COORDENAÇÃO DE PROJETOS. 3. ed. São Paulo, janeiro de 2019. Disponível em: http://www.manuaisdeescopo.com.br/manual/coordenacao/. Acesso em: 13 abr. 2021.

NÓBREGA JÚNIOR, C. L. *Coordenador de projetos de edificações*: estudo e proposta para perfil, atividades e autonomia. 2012. 227 f. Tese (Doutorado em Engenharia) – Escola Politécnica, Universidade de São Paulo, São Paulo, 2012.

CAPÍTULO **2**

Planejamento do processo de projeto

Neste capítulo, serão desenvolvidos os princípios básicos do planejamento do processo de projeto. O foco principal é o entendimento do processo de projeto como um fluxo de informações, no qual sua melhoria consiste em potencializar o fluxo, reduzindo o desperdício de tempo em esperas e otimizando a troca de informações nos momentos certos.

Será apresentada a metodologia *Analytical Design Planning Technique* (ADePT) para a preparação do plano de projeto. A aplicação dessa metodologia será feita em um exemplo simplificado, de modo a se mostrarem os instrumentos fundamentais do planejamento, que são a *Design Structure Matrix* (DSM) e o cronograma do projeto.

Ao final do capítulo, serão apresentados exercícios para a ampliação do conhecimento do tema.

2.1 Papel do planejamento do processo de projeto

Existe um crescente entendimento da importância de uma gestão eficaz do processo de projeto para obter resultados dentro dos prazos e dos custos e garantir o bom funcionamento do processo de projeto.

Tradicionalmente, o processo de projeto tem sido planejado utilizando os mesmos métodos adotados no planejamento de obras. Esses métodos não permitem que o efeito das variações e dos atrasos seja totalmente compreendido dentro de um processo cíclico e não linear como o projeto (Manzione, 2006). Eles monitoram o progresso apenas com base na entrega de desenhos ou modelos, ou seja, com foco somente no produto final e não conseguem captar o desenvolvimento do projeto com base nas informações necessárias para que as diversas tarefas evoluam.

Essa prática entende o processo de projeto como uma sucessão de "caixas-pretas" que somente são abertas nas entregas.

Na prática, cobram-se apenas os entregáveis, em vez de se mitigarem as causas que diminuem a produtividade do projeto, como o atraso na entrega das informações requeridas pelos profissionais de projeto.

O planejamento do processo de projeto eficaz requer a aplicação de técnicas que possam reproduzir e modelar a complexidade e a não linearidade do processo de projeto.

As equipes de projeto são compostas por vários projetistas e consultores cujas atividades são altamente dependentes da comunicação entre eles. Compreender e saber evidenciar como essas relações de dependência ocorrem e como elas impactam o projeto são os fundamentos sobre os quais deve ser construído o planejamento.

2.1.1 Retrabalho

Em nossos estudos do processo de projeto, usando modelos de dezenas de projetos de engenharia, constatamos que o retrabalho do processo é um dos fenômenos mais relevantes decorrentes dos padrões de relação entre as atividades do projeto.

O retrabalho ou iteração das atividades[1] provoca ciclos de retrocesso no fluxo de trabalho. Como esses ciclos são desestabilizadores e não planejados, o retrabalho decorrente é um dos principais fatores de aumento nos custos, desvios de prazo e incremento dos riscos associados.

Lévárdy e Tyson (2009) levantaram as seguintes causas de retrabalho no fluxo de informações do processo de projeto:

1 – Acoplamento intrínseco entre atividades

As atividades são estruturalmente interdependentes e não podem ser executadas sem assumir, trocar, verificar e atualizar informações de forma repetitiva.

2 – Sequência deficiente das atividades

A informação é gerada no momento errado (muitas vezes, demasiado tarde), o que obriga outras atividades a esperar ou a fazer suposições que podem não ser confirmadas depois.

3 – Atividades incompletas

A informação necessária para atividades posteriores não está totalmente disponível, mesmo que as atividades anteriores tenham começado.

---

[1] Os termos com destaque como este possuem correspondentes que se encontram no Glossário deste livro, o qual recomenda-se sua leitura prévia.

4 – Comunicação deficiente

A informação não é transmitida de forma clara, rápida e apropriada.

5 – Alterações na entrada de informações

A informação externa utilizada pelas atividades é posteriormente alterada (por exemplo, alterações dos requisitos do cliente), o que irá requerer retrabalho dessas atividades e em outras que se seguirão.

6 – Erros

Uma informação defeituosa é criada inadvertidamente e posteriormente identificada como errada, causando retrabalho de partes ou da totalidade do processo.

2.2 Design Structure Matrix (DSM)[2]

A metodologia de planejamento que será explicada neste capítulo é composta por vários artefatos que, operando em conjunto, permitirão a organização do processo de trabalho.

O primeiro e mais importante é a *Design Structure Matrix* (DSM). Esse artefato foi criado por Steward (1962) para resolver sistemas complexos de equações. Ele é um artefato de modelagem de rede usado para representar os elementos que compõem um sistema e suas interações, destacando assim a arquitetura do sistema (Fig. 2.1).

A DSM é uma ferramenta simples tanto para analisar como para gerenciar sistemas complexos. Como ferramenta auxiliar à definição da arquitetura de um processo, ela permite ao usuário modelar, visualizar e analisar as dependências entre as entidades de qualquer sistema e obter o discernimento para a melhoria ou síntese dele.

2.2.1 Representação gráfica e interpretação da DSM

A Figura 2.1 mostra uma DSM hipotética. Ela é representada por uma matriz quadrada (número de linhas "i" é igual ao número de colunas "j"). As tarefas são listadas nas linhas e nas colunas. A interação da tarefa da linha "i" com a tarefa da coluna "j" é marcada com o numeral 1.

---

[2] Existe uma terminologia específica que é adotada no trabalho com a DSM, que se encontra no Glossário deste livro, o qual recomenda-se sua leitura prévia.

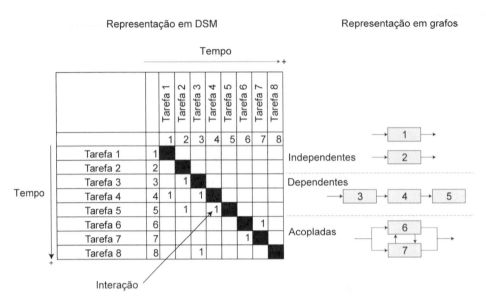

Figura 2.1 DSM binária e os tipos de interações que podem ser representadas em DSM e em grafos.

Essa DSM é chamada de DSM binária, porque as marcas fora da diagonal indicam apenas presença ou ausência de uma interação.

Inicialmente, as tarefas são relacionadas da forma usual em que acontecem. O tempo é representado tanto no eixo horizontal quanto no eixo vertical e aumenta, respectivamente, da esquerda para a direita e de cima para baixo da matriz.

No início, ao marcar a DSM, as atividades podem não estar em sequência lógica e provavelmente estarão desorganizadas. O algoritmo que processa a DSM irá alterar a sequência das atividades de maneira a realizar o sequenciamento das atividades no tempo mais rápido possível, corrigindo esses enganos.

Existem três tipos de interações entre as tarefas mostradas na Figura 2.1: **independentes** (as tarefas podem ser executadas simultaneamente), **dependentes** (as tarefas devem ser executadas em sequência) e **acopladas** (as tarefas são interdependentes e necessitam de múltiplas repetições para convergir a uma solução mutuamente satisfatória).

A informação necessária é o critério de precedência entre as atividades. Para produzir a informação a qualquer momento, os agentes precisam saber quais informações necessitam para realizar suas tarefas. Com pouca informação ou informação errada, a tarefa fica incompleta, e o produto gerado não atenderá ao cliente, o que gerará ciclos de retrabalho com desperdício de tempo.

Saber identificar os requisitos de informação para cada uma das tarefas a serem cumpridas é uma rotina que o coordenador de projetos deve estabelecer com os projetistas para poder criar uma sequência lógica que definirá quem intervém primeiro e quem intervém depois no fluxo de trabalho.

O coordenador de projetos deve conhecer como cada disciplina de projeto se desenvolve e quais são as informações que essa disciplina necessita. Ele deve adotar uma postura proativa, buscando prover as respostas às demandas de informação das atividades presentes e futuras, de maneira a garantir que o fluxo da informação seja contínuo. Dessa forma, evita-se o desperdício de tempo por espera da informação ou o processamento de informações incompletas ou incorretas.

Como ilustrado anteriormente pela Figura 1.2 (Cap. 1), as informações de entrada virão de outra atividade de projeto ou de fontes externas, como decisões do cliente, restrições legais, normas técnicas, tecnologia de construção, entre outras. Toda a informação necessária para executar uma atividade de projeto é entendida como "precedência ou dependência", e a atividade que fornece a informação é denominada "atividade predecessora".

Assim, as marcações a serem feitas na DSM indicarão quais atividades "fornecem" informações para outras. A DSM representa, portanto, o fluxo de entradas e saídas de informação entre as atividades. Ela é um mapa geral do projeto que possibilita visão sistêmica e estratégica do processo de projeto.

2.2.2 Como ler a DSM

A leitura das atividades na direção horizontal (linha) indica as precedências de informação que determinada atividade tem quanto às demais.

Essas atividades, que são suas predecessoras, fornecem as informações para que ela possa ser desenvolvida. Por exemplo, a atividade J, que corresponde à linha de número 10 no quadro, tem dependência das informações geradas pelas atividades B, C, F, K e L (Fig. 2.2).

De maneira análoga, a leitura da atividade na direção vertical (coluna) indica para quais atividades a atividade em questão está fornecendo informações, que são os seus dados de saída. No exemplo, a atividade J fornece dados para as atividades I e L, como é mostrado na Figura 2.3.

		Tarefa A	Tarefa B	Tarefa C	Tarefa D	Tarefa E	Tarefa F	Tarefa G	Tarefa H	Tarefa I	Tarefa J	Tarefa K	Tarefa L
		1	2	3	4	5	6	7	8	9	10	11	12
Tarefa A	1	■		1									
Tarefa B	2		■										
Tarefa C	3		1	■									1
Tarefa D	4				■		1		1			1	
Tarefa E	5					■	1						1
Tarefa F	6		1				■						
Tarefa G	7		1					■				1	
Tarefa H	8	1				1			■		1	1	
Tarefa I	9			1						■	1		
Tarefa J	10		1	1			1				■	1	1
Tarefa K	11		1	1			1					■	
Tarefa L	12	1								1	1	1	■

Figura 2.2 Atividades predecessoras, que fornecem as informações de entrada da atividade J.

A DSM constitui-se, portanto, em uma ferramenta que permite representar as atividades de um processo juntamente com o seu fluxo de informações de entrada e de saída. No Quadro 2.1, estão organizadas as relações de J. Observe-se que as atividades J e L são **acopladas**: a atividade J fornece informações para a L, e a L fornece informações para a atividade J. Assim, a relação entre J e L é, ao mesmo tempo, de predecessora e de sucessora.

Quadro 2.1 Atividades predecessoras e sucessoras da atividade J

Atividades predecessoras Entrada de informação (Ler na linha)	Atividade	Atividades sucessoras Saída de informação (Ler na coluna)
B, C, F, K, L	J	I, L

		Tarefa A	Tarefa B	Tarefa C	Tarefa D	Tarefa E	Tarefa F	Tarefa G	Tarefa H	Tarefa I	Tarefa J	Tarefa K	Tarefa L
		1	2	3	4	5	6	7	8	9	10	11	12
Tarefa A	1	■		1									
Tarefa B	2		■										
Tarefa C	3		1	■									1
Tarefa D	4				■		1		1		1		
Tarefa E	5					■	1						1
Tarefa F	6		1				■						
Tarefa G	7		1					■			1		
Tarefa H	8	1			1				■		1		
Tarefa I	9			1						■	1		
Tarefa J	10		1	1			1				■	1	1
Tarefa K	11		1	1			1					■	
Tarefa L	12	1				informações					1	1	■

Figura 2.3 Atividades sucessoras, que recebem as informações de saída da atividade J.

2.2.3 Regiões importantes da DSM

A diagonal da matriz delimita duas regiões importantes (Fig. 2.4).
A região de alimentação fica abaixo da diagonal. Nessa região, as "marcas" indicam que uma atividade depende da informação que foi produzida por uma atividade anterior.

   A região de retroalimentação fica acima da diagonal. Nessa região, as "marcas" indicam que uma atividade depende da informação que ainda terá que ser produzida. Por isso, as informações que faltam deverão ser estimadas e, posteriormente, as atividades serão revistas, para verificação e adequação dessas estimativas.

   Como normalmente as estimativas adotadas não são a solução final do problema, a inter-relação entre as atividades desencadeará os ciclos de repetição que convergirão para que se obtenha a solução.

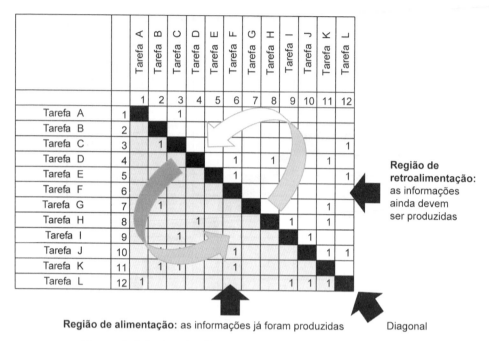

Figura 2.4 Região de alimentação (em cinza claro) e região de retroalimentação (em branco).

As repetições são ciclos de retrabalho que requerem negociações, ajustes, novas estimativas etc., que prolongarão os prazos e aumentarão os custos de desenvolvimento do projeto.

Assim, é fundamental reduzir a necessidade de estimativas e, em decorrência, a repetição dentro do processo.

Isso só é possível ordenando as atividades dentro da matriz de modo que a maior parte das marcas fique abaixo da diagonal ou o mais próximo possível dela. O processo de reordenação das atividades é denominado "particionamento" da DSM.

2.2.4 Particionamento da DSM

O processo inicia-se pela aplicação de um algoritmo para otimizar a sequência das atividades. Adotamos o algoritmo de particionamento de Cho (2001), resultando na DSM particionada, como se pode ver na Figura 2.5.

Esse algoritmo é uma macro em Excel, disponibilizada como material suplementar desta obra, para uso acadêmico.

O objetivo da partição de uma matriz é maximizar a disponibilidade da informação necessária, minimizar a quantidade de repetições e o tamanho de quaisquer ciclos de repetições dentro do processo.

O processo é ordenado para minimizar o número de dependências acima do diagonal.

A Figura 2.5 mostra a versão particionada da Figura 2.4.

Pode-se ver que a sequência é alterada e que 12 atividades contribuem para dois blocos de repetição (bloco 1 e bloco 2, Figura 2.5) e, portanto, no processo representado, devem ser feitas algumas estimativas de informação.

A partição de uma matriz reordena atividades e indica quais estão dentro dos ciclos de iteração. No entanto, a partição não sequencia as atividades dentro dos blocos. Isso porque as atividades que contribuem para um bloco estão todas inter-relacionadas, e qualquer uma delas pode ser a primeira atividade empreendida para conclusão do bloco.

2.3 Metodologia ADePT para planejamento de projetos

A metodologia *Analytical Design Planning Technique* (ADePT) foi criada por Austin *et al.* (2000). Ela está ilustrada na Figura 2.6 e foi concebida para superar as limitações dos métodos de planejamento convencionais. A ADePT é constituída por quatro etapas: 1) modelagem do processo de projeto; 2) tabulação de informações; 3) otimização a partir da DSM; e 4) geração do cronograma de projeto.

Nome	Nível		1	2	3	4	5	6	7	8	9	10	11	12	
Tarefa B	1	1	■												1
Tarefa F	2	2	1	■											2
Tarefa A	3	3			■	1					Bloco 1				3
Tarefa C	3	4	1			■				1					4
Tarefa I	3	5				1	■	1							5
Tarefa J	3	6	1	1		1		■	1	1					6
Tarefa K	3	7	1	1		1			■						7
Tarefa L	3	8			1			1	1	■					8
Tarefa D	4	9			1					1	■		1	Bloco 2	9
Tarefa H	4	10				1		1		1		■			10
Tarefa E	4	11			1					1			■		11
Tarefa G	4	12	1							1				■	12
			1	2	3	4	5	6	7	8	9	10	11	12	■

Figura 2.5 DSM particionada.

30 Capítulo 2

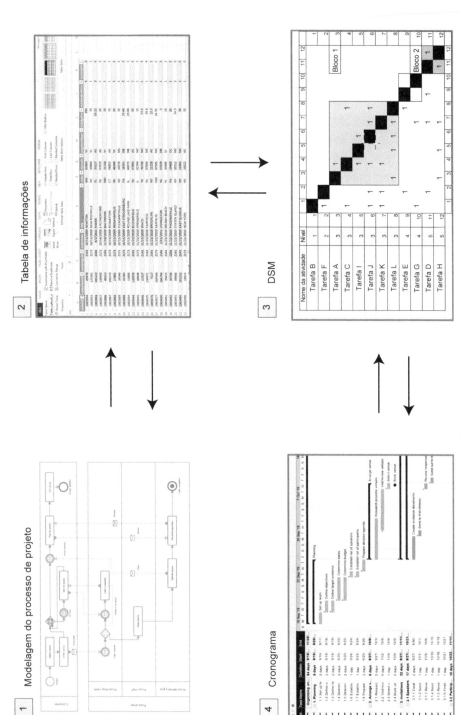

Figura 2.6 Metodologia ADePT.

A primeira etapa da metodologia é a modelagem do processo de projeto do edifício, representando as atividades de projeto e suas informações (entradas e saídas). Essas atividades são responsáveis por produzir, direta ou indiretamente, os resultados do projeto, e as informações tomam a forma de dados do projeto. Os dados nesse modelo estão ligados por uma tabela de informações, que mostra a dependência das atividades em relação às informações. As dependências relacionadas nessa tabela permitem a construção da DSM, que é utilizada para identificar os ciclos de repetições dentro do processo de projeto e programar as atividades, com o objetivo de otimizar a ordem de tarefas. A quarta etapa da metodologia produz o cronograma do projeto baseado nos cálculos do algoritmo de particionamento da DSM.

2.3.1 Exemplo prático de aplicação da metodologia ADePT

Trata-se de um edifício residencial, ilustrado na Figura 2.7, do qual serão planejadas as disciplinas de arquitetura, estrutura, paisagismo, instalações hidráulicas e instalações elétricas. Será feito um recorte do planejamento das fases de estudo preliminar, anteprojeto e projeto legal.

Etapas 1 e 2: Modelagem do processo de projeto e tabulação de informações

A modelagem inicia-se pela criação da **Estrutura Analítica do Projeto (EAP)**. A construção da EAP é um processo de subdivisão das entregas e do trabalho do projeto em componentes menores e mais facilmente gerenciáveis. É estruturada em árvore hierárquica (do nível geral para níveis particulares) orientada às entregas, fases de ciclo de vida ou por subprojetos que precisam ser realizados para completar um projeto.

Não há um número definido de níveis: a decomposição depende da complexidade do projeto. A decomposição termina quando o último nível da hierarquia tem um grau de detalhe que permite descrever de forma unívoca o trabalho individual a ser feito e a atribuição de sua responsabilidade executiva.

O objetivo de uma EAP é identificar os entregáveis (produtos, serviços e resultados a serem entregues em um projeto). Assim, a EAP serve como base para a maior parte do planejamento de projeto. A ferramenta primária para descrever o escopo do projeto (trabalho) é a EAP.

A EAP não é criada apenas para o coordenador do projeto, mas para toda a equipe de execução do projeto, bem como para as demais partes interessadas, tais como clientes e fornecedores.

Arquitetura   Estrutura   Paisagismo   Hidráulica   Elétrica

Figura 2.7 Modelos do edifício para cada uma das disciplinas a serem planejadas.

Para a escolha das atividades que integrarão a EAP, adotamos a classificação constante dos *Manuais de escopo de serviços de projeto* (2019), já mencionados no Capítulo 1. Trata-se de uma estrutura básica de atividades de cada uma das especialidades de projeto. Dada a boa qualidade de sua documentação, ela é adequada para servir de referência neste estudo.

Para o planejamento de projetos em BIM, também é necessário associar a EAP com a **estratégia de federação** dos modelos. No caso, cada especialidade está associada a um modelo que representa a totalidade da geometria do edifício, conforme a Figura 2.7, ou seja, não existe decomposição do modelo em regiões, como, por exemplo, torre, térreo, subsolos.

A listagem de atividades foi desenvolvida considerando-se as fases do projeto e as especialidades. Adotamos a nomenclatura dos *Manuais de escopo*, nos quais a fase A é a fase de concepção do produto e a fase B, a fase de definição do produto.

A listagem das atividades referentes à fase A encontra-se no Quadro 2.2. As demais listagens podem ser acessadas no material suplementar da obra.

Organizando-se a listagem por disciplinas e por fases, temos a representação em árvore da EAP (Fig. 2.8).

 Quadro 2.2 Listagem das atividades da fase A (Concepção do produto) que compõem a EAP

Arquitetura	
ARQ-A001	Levantamento de dados/restrições físicas e legais
ARQ-A002	Quantificação do potencial construtivo do empreendimento
ARQ-A003	Concepção e análise de viabilidade de implantação do empreendimento
ARQ-A004	Concepção e análise de viabilidade das unidades/pavimentos tipo do empreendimento

continua

Quadro 2.2 Listagem das atividades da fase A (Concepção do produto) que compõem a EAP *(Continuação)*

Hidráulica	
HID-A001	Análise das condicionantes locais
HID-A002	Consulta a concessionária de serviço público
Elétrica	
ELE-A001	Análise das condicionantes locais
ELE-A002	Consulta a concessionária de serviço público
Estrutura	
STR-A001	Relatório de viabilidade estrutural da proposta arquitetônica
Ar-condicionado	
VAC-A001	Estudo de implantação do empreendimento
Paisagismo	
PSG-A001	Identificação das restrições legais e análise do potencial paisagístico, concepção
PSG-A002	Análise das restrições de legislação nas esferas municipal, estadual e federal

2.3.2 Tabela de informações

Nesta etapa, criaremos a tabela de informações. Ela contém três campos: o nome e o código da atividade, as informações requeridas para o seu desenvolvimento e as atividades-fonte onde se originam essas informações. Essa tabela serve para modelar o processo de projeto, pois lista as atividades e suas predecessoras. No Quadro 2.3, são apresentadas apenas algumas das atividades para exemplificar o funcionamento da tabela dentro da metodologia ADePT. A totalidade dessa tabela pode ser acessada no material suplementar da obra.

Após o preenchimento da tabela, deve ser feita a modelagem do processo. A modelagem é uma representação gráfica em forma de grafo da sequência e as dependências entre cada atividade, como ilustrado na Figura 2.9. A representação é feita no formato **Business Process Model and Notation** (**BPMN**).

34 Capítulo **2**

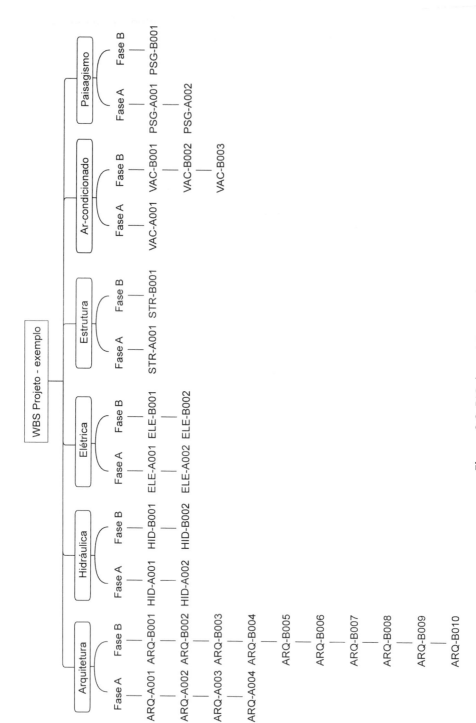

Figura 2.8 EAP do projeto exemplo.

Quadro 2.3 Informações requeridas para as atividades listadas na EAP

Atividade	Informações requeridas	Atividades de origem
ARQ-A001 Levantamento de dados/ restrições físicas e legais	Planta de localização, fotos do local Dados legais do terreno IPTU (s) do ano corrente Verificação se o terreno pode estar com solo contaminado Ficha técnica emitida pelo órgão técnico público municipal principal Taxas de ocupação e aproveitamento Gabaritos, recuos alinhamentos e afastamentos Áreas permeáveis, particularidades de zoneamento; largura da via	Empreendedor
	Parecer sobre toda documentação Análise do conteúdo da escritura, matrícula e IPTU (dimensões, áreas e restrições contratuais)	Consultor jurídico
ARQ-A004 Concepção das unidades/ pavimentos tipo do empreendimento	Informação sobre recursos técnicos e tecnológicos disponíveis ou pretendidos. Informação sobre sistemas construtivos e níveis de acabamentos pretendidos	Empreendedor ARQ-A001 ARQ-A002 ARQ-A003
	Levantamento planialtimétrico cadastral completo do terreno Verificar compatibilidade entre medidas e áreas de escritura/ matrícula e real (tolerância de 5 %)	Topografia
	Relatório de sondagem com dados de nível d'água no local e características do solo Análise do solo (contaminação)	Geotécnica
	Comentários e recomendações preliminares sobre a ligação do empreendimento aos serviços públicos e a necessidade de complementação de infraestrutura urbana Previsão e dimensionamento de áreas técnicas	Sistemas prediais – Elétricos e Hidráulicos HID-A001 ELE-A001

continua

Quadro 2.3 Informações requeridas para as atividades listadas na EAP *(Continuação)*

Atividade	Informações requeridas	Atividades de origem
HID-A001 Análise dos condicionantes locais	Dados gerais do empreendimento (áreas, número de pavimentos, tipo de ocupação etc.) Croquis do terreno com dados preliminares de níveis Planta de situação	ARQ-B008
ELE-B001 Definição de ambientes e espaços técnicos	Conceituação do empreendimento, dos sistemas a serem previstos e outras informações que afetem a definição das salas e dos espaços técnicos Informações de carga elétrica	Empreendedor
	Plantas do pavimento tipo Croquis dos demais pavimentos Croquis da implantação e pavimento térreo, com níveis preliminares	Arquitetura ARQ-A004
	Tecnologias de construção a serem aplicadas	Construtor

A representação BPMN consiste na separação das disciplinas em "raias" na horizontal (analogia com uma piscina) e em fases, na vertical. As atividades são representadas por meio de um retângulo e suas relações de fornecimento de informação, por setas. Usando a tabela como fonte de referência e a BPMN como forma de representação do processo de projeto, foi construído o modelo do processo de projeto exemplo – como se pode ver na Figura 2.10.

Etapa 3: Montagem e processamento da DSM

Destacamos um fragmento do modelo do processo em BPMN (Fig. 2.10), para exemplificar como fazer as marcas correspondentes na DSM (Fig. 2.11).

O processo é bem simples: tomando como exemplo a atividade ARQ-A004 no gráfico BPMN, verificamos quais são as atividades predecessoras, que são aquelas cujas flechas (em linha mais grossa) chegam.

De posse dessa informação, vamos, na DSM, localizar essas mesmas atividades predecessoras. A linha da atividade ARQ-A004 está em cinza e as marcas vêm das atividades das colunas 1, 2, 3, 5, 6 e 8, que são, respectivamente,

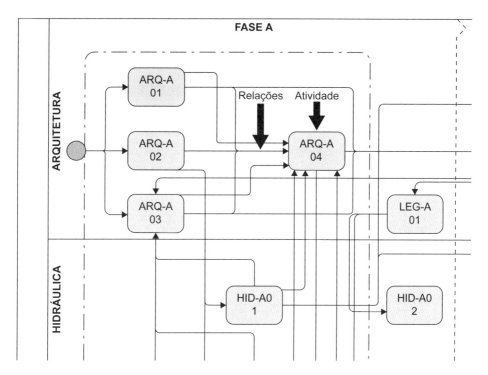

Figura 2.9 Representação de um processo no formato BPMN.

as atividades ARQ-A001, ARQ-002, ARQ-A003, STR-A001, HID-A001 e ELE-A001. O processo continua da mesma forma para todas as atividades.

Após terminarmos a marcação, teremos a DSM com todas as entradas de informações mapeadas (Fig. 2.12).

Com a DSM mapeada, basta processar o algoritmo na macro, para obter a DSM particionada, cujo resultado se pode ver na Figura 2.13.

O particionamento reorganizou a sequência das atividades, removeu o máximo de marcas da região de retroalimentação e criou dois blocos distintos de atividades acopladas. Um dos produtos da macro é a geração das atividades predecessoras em formato de exportação para o MS Project (Fig. 2.14).

A última fase é realizada copiando-se e colando-se as atividades e as predecessoras para o *software* de planejamento MS Project. Adotamos um prazo arbitrário de cinco dias para cada atividade, apenas para formatar o cronograma (Fig. 2.15).

Ao final do processo de planejamento, teremos dois elementos importantes que estão totalmente inter-relacionados: a DSM e o cronograma (Fig. 2.16).

38 Capítulo **2**

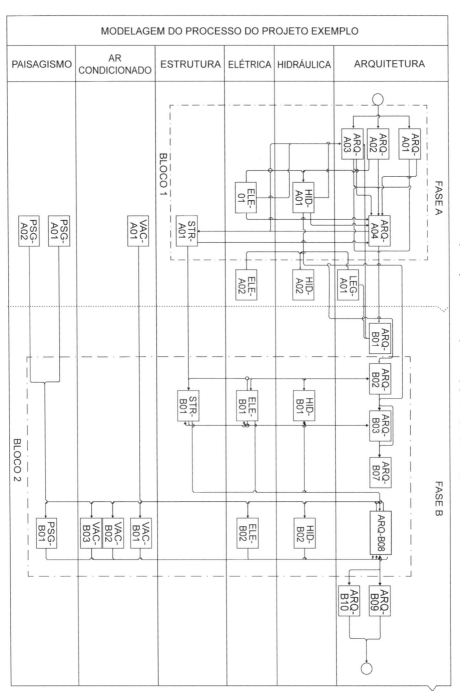

Figura 2.10 Modelagem do processo de projeto.

Planejamento do processo de projeto **39**

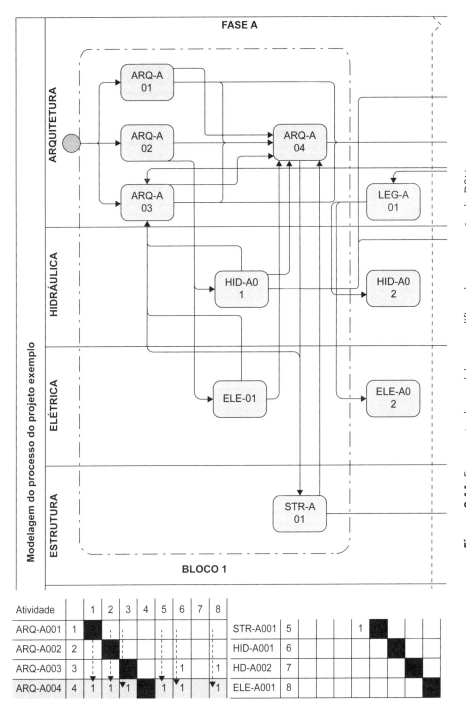

Figura 2.11 Fragmento do modelo exemplificando a marcação da DSM.

Atividade		1	2	3	4	5	6	7	8	9	10	11	12	13	14	15	16	17	18	19	20	21	22	23	24	25	26	27	28	29
ARQ-A001	1	■												1																
ARQ-A002	2		■											1																
ARQ-A003	3			■	1	1	1		1					1																
ARQ-A004	4	1	1	1	■	1	1		1					1																
STR-A001	5			1	1	■																								
HID-A001	6		1				■																							
HID-A002	7							■																						1
ELE-A001	8		1						■																					
ELE-A002	9									■																				1
VAC-A001	10			1	1						■																			
PSG-A001	11			1								■																		
PSG-A002	12												■	1																
ARQ-B001	13	1	1	1	1									■																
ARQ-B002	14							1		1					■							1	1		1					
ARQ-B003	15							1		1						■						1	1		1					
ARQ-B007	16													1	1	1	■					1								
ARQ-B008	17																	■				1	1	1	1	1	1	1	1	1	
ARQ-B009	18																1		■											
ARQ-B010	19																	1		■										
STR-B001	20				1									1	1	1	1				■	1		1				1	1	1
HID-B001	21													1	1		1				1	■								
HID-B002	22																1						■							
ELE-B001	23													1	1		1				1			■						
ELE-B002	24																1								■					
VAC-B001	25																1									■				
VAC-B002	26																1				1						■			
VAC-B003	27																1				1							■		
PSG-B001	28																1				1								■	
LEG-A01	29													1																■

Figura 2.12 DSM mapeada.

A Figura 2.16 mostra os dois, lado a lado, e permite que se observe a total simetria entre os blocos e as atividades. O que pode ser visto em cada um? A DSM é uma representação do tipo mapa. Os mapas são geralmente usados como um meio de representar um retrato instantâneo da relação entre vários elementos de um sistema. Nesse sentido, a DSM é um mapa que mostra estaticamente a estratégia do planejamento, pois permite a visão sistêmica do fluxo de informações do projeto e o relacionamento de todas as atividades.

O cronograma é uma representação do tipo modelo. Os modelos são amplamente utilizados tanto para a gestão quanto para aplicação na ciência, com objetivos de simulações. Um modelo pode ser visto como uma abstração da realidade. Ele é necessário porque o mundo real é muito complexo para ser

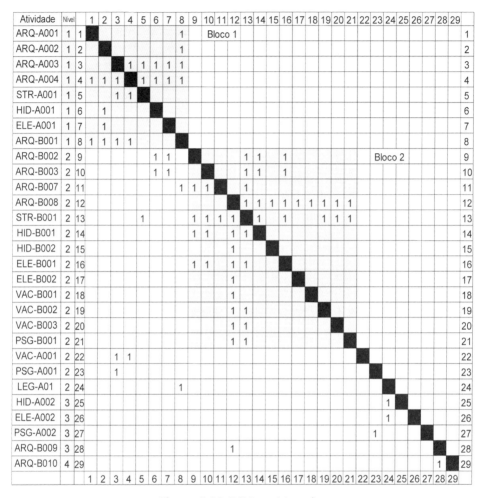

Figura 2.13 DSM particionada.

entendido. Dessa perspectiva, o cronograma é um modelo que permite simulações, pois é possível alterar prazos e relações e visualizar automaticamente os impactos no processo de projeto, bem como prever diversos cenários. Além de instrumento de planejamento, o cronograma é instrumento de gestão, pois a partir dele são relacionadas as atividades e os prazos a serem cumpridos.

Em suma, o cronograma é uma ferramenta dinâmica, enquanto a DSM é estática, e o uso combinado de ambas permite maior conhecimento do processo de projeto, facilitando o trabalho do coordenador para as situações do dia a dia e as situações de longo prazo.

42 Capítulo **2**

ID	Atividade	Duração	Predecessoras
1	Bloco 1		
2	ARQ-A001		
3	ARQ-A002		
4	ARQ-A003		
5	ARQ-A004		2; 3; 4
6	STR-A001		4; 5
7	HID-A001		3
8	ELE-A001		3
9	ARQ-B001		2; 3; 4; 5
11	Bloco 2		1
12	ARQ-B002		
13	ARQ-B003		

Figura 2.14 Predecessoras para inserir no MS Project.

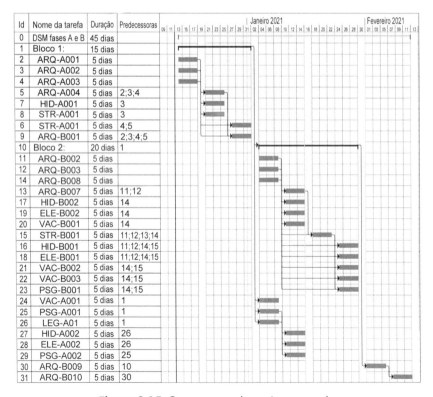

Figura 2.15 Cronograma do projeto exemplo.

Planejamento do processo de projeto **43**

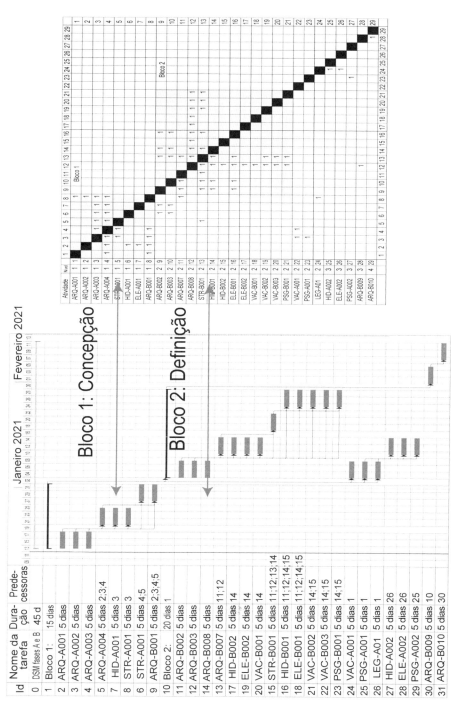

Figura 2.16 Simetria entre o cronograma e a DSM.

Conclusões

A programação do processo de projeto com metodologia ADePT identifica a sequência ideal de tarefas para satisfazer o aperfeiçoamento de uma solução de desenvolvimento do projeto.

Ela desafia os projetistas a dar maior ênfase à compreensão e à análise do processo de projeto. Mais especificamente, oferece um meio de ilustrar ao cliente, aos projetistas e aos construtores, a importância do fornecimento da informação no momento oportuno, com a qualidade requerida, assim como suas implicações para o custo, a flexibilidade do projeto e os riscos a ele associados. Propicia também que a informação apropriada seja trocada entre os membros da equipe e que o problema da sobrecarga de informação seja minimizado.

Por meio do desenvolvimento e da aplicação de modelos do processo de projeto, a equipe pode tomar decisões mais criteriosas, uma vez que está ciente de todos os fatores relacionados com as tarefas do projeto em questão e as outras atividades que ela influencia.

Ao se analisarem os modelos do processo como parte da ADePT, as tarefas dentro do modelo podem ser programadas de forma ótima, proporcionando maior eficiência ao processo de projeto, economia nos seus custos de produção e benefícios sob a forma de maior potencial de integração com a execução das obras – resultando em melhorias nos custos, no desempenho da programação e na previsibilidade da execução.

A utilização dos modelos de processo dentro da ADePT melhora o desempenho da equipe de projeto, fomentando a confiança e encorajando o trabalho colaborativo. A fim de melhorar e manter tanto a eficiência como a eficácia, as equipes devem alcançar uma cultura de colaboração e de melhoria contínua ao longo de uma série de projetos. Capturar e representar processos complexos sob a forma de modelos, e analisá-los utilizando a metodologia ADePT, fornece um mecanismo para alcançar o objetivo de melhorar a eficácia e a eficiência do planejamento do processo de projeto.

Exercícios de aplicação

Exercício 2.1

Redução de prazo do projeto: paralelismo e tamanho do lote

No exemplo dado neste capítulo, adotamos a subdivisão dos modelos apenas por lotes de disciplinas, sem subdividir por regiões do edifício.

Considere a condição real de um projeto no qual é necessária a compressão dos prazos. Faça uma simulação subdividindo as atividades por disciplinas e em duas regiões do edifício: torre e embasamento. Isso diminuirá o tamanho dos lotes, aumentando seu número.

Com essa estratégia, é possível comprimir o prazo? Qual a influência do tamanho do lote da informação para a eficiência da gestão do processo de projeto?

Exercício 2.2

Processo de planejamento convencional

Destacamos no livro que o modelo utilizado no planejamento convencional não é adequado para o planejamento do processo de projeto. Justifique essa afirmação e exemplifique por meio de casos que você vivenciou em sua experiência prática.

Exercício 2.3

Para que servem os blocos na DSM?

No processamento do algoritmo da DSM, as atividades acopladas são representadas em blocos. Para o coordenador de projetos, qual é a finalidade prática de conhecer previamente os blocos e sua sequência? Em que isso pode auxiliar a mitigar os atrasos do projeto?

VIDEOAULA
Assista à videoaula deste capítulo.

Referências

AUSTIN, S. *et al.* Analytical design planning technique (ADePT): a dependency structure matrix tool to schedule the building design process. *Construction Management and Economics*, v. 8, n. 2, p. 173-182, 2000.

CHO, S. *An integrated method for managing complex engineering projects using the design structure matrix and advanced simulation.* 2001. 124 f. Tese (Doutorado) – Massachusetts Institute of Technology, Cambridge, 2001.

LÉVÁRDY, V.; TYSON, R. B. An adaptive process model to support product development project management. *IEEE Transactions on Engineering Management*, v. 56, n. 4, p. 600-620, 2009.

MANZIONE, Leonardo. *Estudo de métodos de planejamento do processo de projeto de edifícios.* 2006. Dissertação (Mestrado em Engenharia de Construção Civil e Urbana) – Escola Politécnica, Universidade de São Paulo, São Paulo, 2006.

MANUAL DE ESCOPO DE PROJETOS E SERVIÇOS PARA COORDENAÇÃO DE PROJETOS. 3. ed. São Paulo, janeiro de 2019. Disponível em: http://www.manuaisdeescopo.com.br/manual/coordenacao/. Acesso em: 13 abr. 2021.

STEWARD, D. On an approach to techniques for the analysis of the structure of large systems of equations. *SIAM Review*, v. 4, p. 321-342, 1962.

CAPÍTULO 3

Processo de projeto em BIM

Este capítulo apresenta e detalha, de forma prática, o processo de projeto que utiliza a modelagem da informação da construção (BIM). Os temas tratados incluem a estrutura conceitual da gestão do processo de projeto, a definição dos escopos de projeto e dos entregáveis de projeto, e a elaboração do plano de execução BIM, fundamental para contratação e gestão de projetos que envolvem a modelagem da informação da construção (BIM).

Utilizando-se do plano de execução BIM, a gestão do processo de projeto, realizada segundo a estrutura conceitual apresentada a seguir, tendo devidamente estabelecidos os escopos e os entregáveis de projeto, disporá, assim, dos instrumentos necessários para cumprir o planejamento do processo de projeto, visto no Capítulo 2 deste livro.

3.1 Estrutura conceitual da gestão

Neste item, discutiremos a estrutura conceitual da gestão do processo de projeto em BIM. Utilizaremos uma representação no formato de um *framework*, que é muito útil para traduzir temas complexos em formas que possam ser estudadas e analisadas. Tal representação é ideal para mostrar como se dá a gestão do processo de projeto, possibilitando sua visão holística, criando a base para compreensão do problema, representando e fazendo a ligação entre os vários elementos para mostrar suas relações e fornecendo uma abordagem estruturada para lidar com o tema.

O *framework* da estrutura conceitual será mostrado na forma de diagrama, por ser este um meio eficaz de comunicar ideias, que permite explicar os conceitos pelo entendimento visual dos seus constructos, possibilitada pela representação gráfica de seus elementos e relações.

3.1.1 Representação da estrutura conceitual

A estrutura conceitual da gestão de projetos fornece uma abordagem com amplitude suficiente para servir de base à construção de modelos ou outras estruturas conceituais mais simples e particulares, com flexibilidade para atender empresas ou projetos com sistemas de organização diferentes.

Os principais objetivos da estrutura são:

1. apresentar os processos de gestão do processo de projeto e de gestão da informação de forma sistêmica, identificando suas correlações e pontos de interdependência;
2. representar os macroprocessos de modo a criar linhas guias para controle do processo colaborativo;
3. conceituar o processo de projeto com base na evolução do nível de maturidade do projeto;
4. definir uma estrutura de trabalho e possibilitar a criação de uma matriz de responsabilidades.

A Figura 3.1 resume a estrutura. Ela indica os pontos-chave para análise crítica e tomada de decisão ao longo do processo. A gestão do processo de projeto deve estabelecer esses pontos, em que será realizada a análise crítica

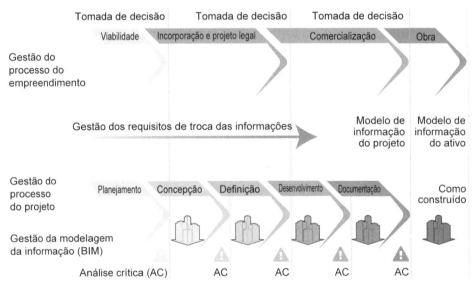

Figura 3.1 Estrutura conceitual da gestão do processo de projeto colaborativo com o uso do BIM.
Fonte: Manzione (2013).

das soluções de projeto, bem como a análise dos modelos (quanto a informações geométricas e não geométricas). Devem ser verificados os requisitos da qualidade, as relações de interoperabilidade, as trocas de informação e outros aspectos do processo.

Além disso, no decorrer do processo, os objetivos do projeto devem ser confirmados ou revistos, alinhando o projeto com as diretrizes iniciais do empreendimento.

Na Figura 3.1, observa-se que o modelo é composto por três eixos horizontais: processo do empreendimento, processo de projeto e gestão da modelagem. Cortando os três eixos, temos os pontos de tomada de decisão. Percebe-se que o processo não está dividido nas fases tradicionais, como estudo preliminar, anteprojeto, projeto executivo. No eixo da gestão, vemos etapas de trabalho que descrevem a evolução do projeto e que não se relacionam especificamente com entregas de documentos, que são: planejamento, concepção, definição, desenvolvimento e documentação. Essas etapas de trabalho estão diretamente relacionadas com o nível de maturidade do projeto.

A estrutura conceitual permite alguns ganhos em relação ao modelo convencional baseado em entregas. O primeiro ganho é a associação constante do processo de projeto com os objetivos do empreendimento. O segundo é que os pontos de análise crítica são definidos de acordo com o empreendimento, mostrando o caráter flexível da estrutura. A estrutura é interessante porque liberta os agentes do fluxograma de projeto estratificado, baseado em paradigmas pré-BIM. A estratificação do trabalho e a quebra da produção em fases são substituídas por uma estratégia de trabalho continuado, com uma abordagem mais participativa e integrada.

3.1.2 Nível de maturidade do projeto

Indicadores podem ser grandes aliados da coordenação do projeto. Eles são referências quantitativas ou qualitativas que servem para indicar se as atividades de um projeto estão sendo bem executadas (indicadores de processo ou desempenho) ou se os objetivos foram alcançados (indicadores de resultado e de impacto).

Os indicadores do processo podem revelar se o projeto está indo na direção certa ou se necessita de ajustes ou mesmo mudança de estratégia para voltar a caminhar rumo aos seus objetivos. Por exemplo, um alto índice de falta de compatibilidade dos projetos revela que é preciso tomar medidas para melhorá-lo. Outro exemplo seria um projeto bem compatibilizado geometricamente, mas com informações insuficientes nos elementos do modelo.

Esses dois exemplos mostram que indicadores isolados podem iludir o coordenador de projetos e que, portanto, se fazem necessários indicadores combinados nos quais os aspectos principais possam ser devidamente balanceados e analisados.

Definimos, então, o nível de maturidade (NM), Figura 3.2, como um indicador qualitativo que combina quatro requisitos essenciais para a evolução de um projeto.

Ele irá combinar os objetivos do empreendimento que definirão os requisitos de troca de informações (Capítulo 6), a compatibilidade geométrica que avalia a qualidade do modelo em termos de compatibilidade (Capítulo 4, Seção 4.6), o planejamento e controle que avalia o cumprimento do processo e o respeito aos prazos (Capítulo 2) e o nível da informação necessária que define a quantidade e a granularidade das informações do modelo (Capítulos 3 e 6).

A análise de maturidade deve ser feita periodicamente para indicar tendências de desvios em cada um dos aspectos mencionados.

Figura 3.2 Nível de maturidade do projeto com o uso do BIM.
Fonte: Manzione (2013).

3.2 Escopos de projeto e definição de entregáveis

3.2.1 Escopos de projeto

Escopo significa o ponto que se deseja alcançar, propósito, meta, objetivo. Trata-se de um termo largamente utilizado em gestão de projetos. No caso específico do tema deste livro, escopo de projeto significa a definição do trabalho necessário para entregar o projeto final, ou uma parte dele, dentro das expectativas do cliente e atendendo às normas e demais exigências aplicáveis.

A definição adequada do escopo de um projeto é fundamental para o sucesso do empreendimento, em razão da determinação e documentação dos objetivos específicos para cada projeto, além de definir as suas entregas, bem como as tarefas a serem executadas.

A definição do escopo estabelece os limites de cada disciplina de projeto (arquitetura, estrutura, sistemas prediais etc.) e, também, as responsabilidades para cada profissional membro da equipe de projeto, subsidiando a realização dos procedimentos de verificação, análise crítica e validação do projeto e de suas etapas.

3.2.2 Entregáveis de projeto

Para estabelecer as entregas do projeto com uso da modelagem da informação da construção (BIM), é necessário definir os entregáveis. O termo "entregáveis" deriva da tradução literal do termo em inglês (*deliverables*) e refere-se a quaisquer produtos ou serviços resultantes de uma atividade, processo ou subprocesso que serão entregues a um cliente (interno ou externo à organização), os quais estarão submetidos a análise crítica, verificação, compatibilização e posterior validação.

Esse termo abrange desenhos, documentos, modelos eletrônicos, bem como demais produtos que o projeto em desenvolvimento resultará ao término do processo. Os entregáveis são frequentemente confundidos com o próprio projeto. Entretanto, o projeto deve ser percebido como um processo de desenvolvimento de informações que possui definição clara de objetivos e prazos e, portanto, tem caráter temporário. Dessa forma, o projeto não é um conjunto de documentos, desenhos ou planilhas – esses são seus entregáveis.

O *Guia ASBEA boas práticas em BIM* (2015) descreve os entregáveis como sendo *"todos os itens necessários para atingir o objetivo do projeto. Esses itens são tangíveis, mensuráveis e o seu desenvolvimento pressupõe uma subsequente interação de um ou mais participantes do projeto, ou seja, uma entrega"*.

Para ilustrar o que são entregáveis, podem-se citar desenhos diversos, como plantas, cortes e vistas (em diversos formatos eletrônicos e em pranchas plotadas), imagens de fotos ou renderizadas, os próprios modelos BIM, em diversos formatos, relatório de interferências ou de análise crítica, planejamentos e orçamentos de projetos e/ou obras, entre outros.

Como dito, o fluxo de projetos tem como principais entregáveis os seus próprios modelos BIM (ifc, rvt, pln), mas também podem ser considerados entregáveis os relatórios de interferências (html, xls, smc) e os registros de comentários (bcf, pdf, html). Para o *Guia ASBEA*, os *"modelos disponibilizados podem ser utilizados como único entregável para as finalidades definidas pelo uso e pelo nível de informação, desde que acordado e registrado no plano de execução BIM"* (que será explicado na Seção 3.3).

O *Guia* destaca que, como, a partir do advento do BIM, as trocas de informação tornaram-se mais frequentes e intensas, os entregáveis eletrônicos passaram a ter um número maior de formatos (.pdf, .dwf, .nwc, .ifc, .xls, .doc, .jpg, .ppt etc.), além dos anteriores. Analisa ainda que esse aumento significativo de formatos em parte se deve à intercambialidade de arquivos, mas, principalmente, às novas ferramentas tecnológicas associadas ao modelo, como também aos projetos híbridos desenvolvidos em CAD e BIM.

É importante destacar aqui que no planejamento e controle do processo de projeto de edifícios, que foi tratado no Capítulo 2, frequentemente prevalece a prática de entregas de desenhos. Entretanto, essa cultura até então em voga no setor da construção não considera o fluxo de informações e termina por estender o prazo do projeto, pois tal prática está fundamentada na ideia preconcebida de que o trabalho a ser executado pode ser resultado da soma das partes.

Essa subdivisão do projeto não garante otimização dos recursos, melhoria do processo e atendimento aos requisitos do cliente, mas torna o desenvolvimento dos projetos em atividades isoladas, sem trabalho colaborativo, determinando também significativo retrabalho.

Sobre o planejamento da entrega da informação, a Norma NBR ISO 19650-1 (ver Capítulo 6 para mais detalhes) estabelece que é responsabilidade de cada contratado e de seus subcontratados a elaboração do planejamento da entrega da informação. Essa norma enfatiza ainda que o contratante deve inicialmente definir os requisitos de informação para que os contratados possam formular os planos de entrega, dos quais deverão constar:

- como a informação atenderá os requisitos de informação do ativo (RIA) e os requisitos de troca da informação (RTI);

- quando a informação será entregue, inicialmente com relação às fases de projeto ou marcos de gestão do ativo e com relação a datas propriamente ditas;
- qual informação será entregue e como;
- como a informação será coordenada com a informação proveniente de outros;
- quais são os grupos contratados;
- quem será o responsável pela entrega da informação;
- quem será o receptor da informação.

A ISO 19650-1 também detalha que a informação deverá ser entregue por meio de métodos de troca de informação preestabelecidos, tanto para trocas de informação entre o contratante e o contratado, como entre o contratado e seus subcontratados.

A respeito do planejamento dos momentos da entrega das informações, a supracitada norma também estabelece que deverá ser definido no contrato um plano de entrega de informações, para todo o projeto ou para um ciclo (de curto ou médio prazo) da gestão de um ativo, acordado entre as partes. Nesse plano, deverá ser incluída a definição dos prazos de cada entregável com referência ao cronograma de projeto ou gestão de ativo, quando esses forem conhecidos.

Nesse contexto, a norma preconiza que seja criada uma matriz de responsabilidades como parte integrante do planejamento do processo de entrega das informações, a qual deve identificar:

- papéis e funções quanto à gestão da informação; e
- as respectivas tarefas de projeto e/ou gestão do ativo, ou as informações entregáveis, conforme apropriado.

3.2.3 Nível de informação necessário

De acordo com a NBR ISO 19650-1, o nível de informação necessário para cada pacote entregável deve ser determinado de acordo com o seu propósito de uso. Ou seja, a cada entregável deve corresponder uma definição adequada de **qualidade, quantidade e granularidade da informação**, conceito este que é referido como o nível de informação necessário e que pode variar de entregável para entregável.

Os níveis de informação devem ser determinados pela quantidade mínima de informação necessária para se atender a cada requisito relevante do projeto ou do ativo, incluindo as informações a serem fornecidas pelo contratado ou subcontratados que participam do projeto. Essa norma não recomenda extrapolar esse nível mínimo de informações, o que é considerado um desperdício e implicaria riscos diversos. A inclusão de um nível de informação desnecessário pode acarretar arquivos eletrônicos muito pesados, além das horas de trabalho alocadas desnecessariamente, o que significa ainda custos extras para o desenvolvimento do projeto.

3.2.4 Qualidade da informação entregável

A ISO 19650-1 discorre ainda sobre a qualidade da informação entregável e ressalta que a informação gerenciada no ambiente comum de dados (CDE) deve ser conhecida por todos os grupos envolvidos no projeto ou gestão do ativo (empreendimento em desenvolvimento). Para tanto, devem ser acordadas as seguintes definições:

- formatos de produção da informação;
- formatos de entrega da informação;
- estrutura dos modelos de informação;
- formas de estruturação e classificação da informação; e
- atributos de metadados, por exemplo, propriedades de elementos construtivos e informações entregáveis.

3.3 Plano de Execução BIM

3.3.1 Preliminares

Nesta seção, serão explorados os requisitos que devem fazer parte do plano de execução BIM.

Segundo a Norma ABNT NBR 16636-1 (ABNT, 2017): "*Na produção de projetos mais complexos e que envolvem número significativo de especialidades e etapas, cabe ao coordenador geral do projeto, designado pelo empreendedor, definir o plano de trabalho e os seus requisitos e restrições gerais, considerando-se que cada responsável técnico de cada atividade deve definir detalhadamente o atendimento aos requisitos técnicos de cada especialidade, conjugadas às diretrizes gerais da concepção, sempre dentro dos limites de suas atividades técnicas.*"

Portanto, segundo essa norma técnica brasileira, o coordenador geral do projeto, que, de acordo com a terminologia adotada neste livro, é o coordenador de projetos, do qual já se discutiu o papel e as responsabilidades, definirá um plano de trabalho contendo os requisitos e as restrições gerais para o processo de projeto. O plano de execução BIM, em projetos que adotam a modelagem da informação da construção, deve fazer parte desse plano de trabalho.

Um plano de execução BIM esclarece funções e responsabilidades, padrões a serem aplicados e procedimentos a serem seguidos no processo de projeto, quando se adota a modelagem da informação da construção (BIM). Do ponto de vista formal, em concorrências de projeto, ele pode ser considerado como um documento primordial, independente do tradicional **caderno de encargos**, orientativo para formulação e análise de propostas.

Mais adiante, no Capítulo 6, será discutida a aplicação da norma ISO 19650. Isso evidenciará ainda mais a relevância de se adotar um plano de execução BIM, em vários contextos e fases do ciclo de vida do empreendimento.

É fundamental que se compreenda que cada projeto, com suas características próprias, em termos de porte, complexidade, finalidade de uso, entre outras, vai demandar seu próprio plano de execução. Assim, mesmo que se trate de projetos muito semelhantes, eles deverão ter planos de execução BIM particulares.

Anteriormente ao advento da modelagem da informação da construção (BIM), naquela que se poderia chamar de "era do CAD", os requisitos para se estabelecerem adequadas trocas de informação, por exemplo, eram menos numerosos e menos exigentes. Isso significa que sempre foi necessário ter um plano quanto aos aspectos técnicos do processo de projeto. No entanto, a partir da adoção da tecnologia de modelagem da informação da construção (BIM), passou a ser ainda mais importante que, antes de se elaborarem as primeiras etapas de um contrato de projeto, os requisitos para desenvolvimento e entrega dos modelos estejam devidamente definidos e conhecidos pelos agentes envolvidos.

Um elemento importante a ser considerado é o ambiente contratual do projeto. Evidentemente, o ideal é que se constituam equipes multidisciplinares desde as primeiras etapas do empreendimento, estimulando-se a colaboração e o compartilhamento de conhecimento entre todos os agentes. No entanto, em muitos projetos, nos quais os contratos não permitem essa colaboração antecipada, haverá desafios adicionais e possíveis retrabalhos na implementação do plano de execução BIM, já que nem todos os membros da equipe do projeto estavam envolvidos desde o início.

3.3.2 Elementos do plano de execução BIM

A seguir, serão tratados os tópicos fundamentais para se criar um plano de execução BIM:

- a identificação dos objetivos e usos da modelagem da informação da construção (BIM) no projeto em questão;
- a definição do processo de projeto com uso da modelagem da informação da construção (BIM);
- o detalhamento das trocas de informação necessárias ao processo de projeto com uso da modelagem da informação da construção (BIM);
- a definição da infraestrutura necessária para desenvolvimento do projeto considerado;
- o estabelecimento dos procedimentos de controle da qualidade dos modelos e documentos.

3.3.2.1 *Identificação dos objetivos e usos da modelagem da informação da construção (BIM)*

Segundo Messner *et al.* (2019), a primeira etapa de um plano de execução BIM é identificar os usos da modelagem da informação da construção (BIM) apropriados ao projeto considerado, com base nos objetivos do projeto e da equipe.

Portanto, para se realizar o planejamento do projeto, é necessário, antes, identificar os usos mais adequados para a modelagem da informação da construção (BIM) naquele projeto, dadas suas características, seus objetivos, as competências dos agentes participantes e as responsabilidades de cada um.

Nem sempre os usos da modelagem da informação da construção (BIM) terão uma abrangência que se estende a todas as fases do ciclo de vida[1] do empreendimento. Na verdade, é em função dos objetivos e usos estabelecidos que uma ou mais fases serão incluídas.

Por exemplo, se um dos objetivos for planejamento e acompanhamento da execução das obras, portanto, com a utilização do modelo durante a fase de construção, o uso correspondente será a modelagem 4D, e as informações sobre os parâmetros de construção constarão como requisitos estabelecidos no plano de execução BIM, tornando-se obrigações contratuais e se refletindo, inclusive, nas especificações de *software*. Por outro lado, se esse uso

---

[1] As fases do ciclo de vida de um empreendimento de construção são: planejamento, projeto, construção, uso, operação e manutenção.

não for incluído no plano de execução BIM, as informações não serão inseridas, e não será possível utilizar o modelo para tal finalidade.

Antes de identificar os usos BIM, como se pôde perceber no exemplo citado, é fundamental definir claramente quais são os objetivos do projeto em questão, criando-se metas mensuráveis. As metas podem estar relacionadas com o desempenho geral do projeto, incluindo itens como redução de prazos de execução do empreendimento, redução do seu custo do projeto ou atendimento a requisitos da qualidade. Em termos de metas da qualidade do empreendimento, alguns exemplos são a busca de maior eficiência energética, por meio de técnicas de simulação, ou a modelagem do desempenho do projeto diante das normas aplicáveis ou de uma certificação ambiental.

Outros objetivos podem ser o aumento da eficiência em processos, como economia de tempo ou custo por parte dos participantes do projeto, ou maior precisão e rastreabilidade das informações. Esses objetivos incluem o uso de aplicativos de modelagem para criar a documentação do projeto com mais eficiência, para desenvolver estimativas de orçamento por meio de quantificações automatizadas, ou para facilitar a inserção de dados no sistema de manutenção.

Assim, de forma realista, fica claro que cada projeto deve ter determinado conjunto de objetivos bem delimitados, e não todos os objetivos que podem ser atendidos com o uso da tecnologia de modelagem da informação da construção (BIM), ou seja, a adoção dessa tecnologia não trará automaticamente todos os benefícios possíveis, mas somente os resultados que tenham sido planejados e incluídos no plano de execução BIM daquele projeto.

Os custos de modelagem, evidentemente, são tanto maiores quanto maior o número de usos pretendidos. A decisão a respeito dos objetivos e usos é prévia à contratação dos especialistas que comporão a equipe multidisciplinar do projeto e não deve ser feita de forma vaga ou incompleta.

3.3.2.2 *Definição do processo de projeto com modelagem da informação da construção (BIM)*

De acordo com o guia proposto por Messner *et al.* (2019), o mapa do processo de projeto deve permitir que todos os agentes que compõem a equipe do projeto entendam o processo como um todo, identifiquem as trocas de informações necessárias entre as várias partes envolvidas e definam claramente os vários subprocessos a serem executados.

O processo de projeto estabelecido considerará os usos identificados, assim como os objetivos do projeto, explicados anteriormente. O uso de técnicas de mapeamento de processos em notação **BPMN** é recomendado (conforme apresentado no Capítulo 2). Os mapas do processo de projeto estarão ligados a outros tópicos de implementação importantes, tais como requisitos contratuais, requisitos de entrega, infraestrutura de tecnologia da informação demandada e os próprios critérios de seleção dos especialistas que comporão a equipe.

Recomenda-se que o processo de projeto seja representado em dois níveis:

- Nível 1 – Mapa geral do processo, mostrando a relação entre os usos definidos;
- Nível 2 – Mapa detalhado para cada uso, com sequências de atividades, identificação dos responsáveis e das trocas de informação.

As Figuras 3.3 e 3.4 mostram, esquematicamente, a configuração desses dois níveis do processo.

3.3.2.3 Detalhamento das trocas de informação necessárias ao processo de projeto

A estrutura analítica do projeto (EAP), apresentada no Capítulo 2, é fundamental para o detalhamento das trocas de informação necessárias em cada etapa do processo de projeto.

Uma vez desenvolvido o mapa do processo de projeto, as trocas de informações entre os participantes do projeto devem ser indicadas claramente.

É necessário, evidentemente, atribuir a cada "pacote" de informação as respectivas pessoas responsáveis. Cada troca de informações deve ter um responsável pela autoria das informações.

Além disso, todos os membros da equipe e, em particular, o autor e o destinatário de cada troca de informações devem saber qual é o conteúdo de cada "pacote" de informação indicado no mapa do processo de projeto.

Ainda de acordo com Messner *et al.* (2019), as datas das trocas de informação devem ser indicadas no mapa de Nível 1, de modo que as partes envolvidas saibam quando as entregas do BIM devem ser concluídas para atenderem ao cronograma do projeto, conforme visto no Capítulo 2.

Para definir cada troca de informação, o plano de execução BIM deve estabelecer as seguintes definições relativas ao Nível 2 do processo de projeto:

- **receptores de modelos** – identificação de todos os membros da equipe do projeto que receberão as informações para realizar algum uso do(s) modelo(s);

Processo de projeto em BIM 59

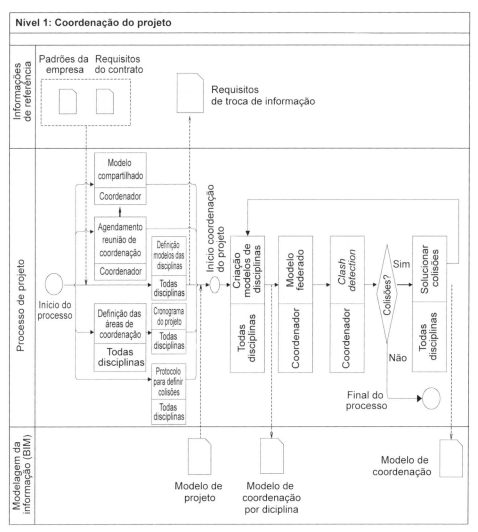

Figura 3.3 Esquema representando o mapa do processo de projeto – Nível 1.
Fonte: adaptada de Messner et al. (2019).

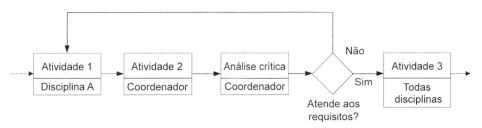

Figura 3.4 Esquema representando o mapa do processo de projeto – Nível 2.
Fonte: adaptada de Messner et al. (2019).

- **tipo(s) de arquivo(s) de modelo(s)** – definição do(s) *software(s)* específico(s), bem como a versão que será usada pelo receptor para manipular o modelo durante cada uso de BIM, de modo a garantir a interoperabilidade no processo de projeto;
- **informações** – identificação das informações necessárias para a implementação do uso do BIM;
- **notas** – explicações adicionais, na forma de notas, devem ser acrescentadas para esclarecer determinado conteúdo de informação a ser incorporada ao modelo, ou, também, as técnicas de modelagem a serem adotadas.

Ao desenvolver o planejamento de execução BIM, é importante entender que, como qualquer plano, ele deve ser revisado regularmente. O plano de execução BIM deve ser flexível, pois ele precisará ser revisado e atualizado periodicamente. É irreal presumir que a equipe do projeto terá todas as informações necessárias para detalhá-lo exaustivamente no início do projeto. Informações adicionais devem ser incorporadas à medida que os membros da equipe do projeto são incorporados ao processo.

3.3.2.4 Definição da infraestrutura necessária para desenvolvimento do projeto

Um dos aspectos de suporte mais importantes diz respeito aos procedimentos de comunicação digital. É necessário estabelecer previamente o protocolo de comunicação com todos os membros da equipe do projeto.

A comunicação digital com as partes interessadas deve ser criada, carregada, enviada e arquivada por meio de um sistema colaborativo que inclui um ambiente comum de dados (CDE), que será tratado no Capítulo 4.

O CDE armazenará todas as comunicações relacionadas com o projeto, inclusive, para referência futura. A gestão de arquivos e documentos (quanto a estrutura de pastas de arquivos, permissões e acesso, manutenção de pastas, notificações de pastas e convenção de nomenclatura de arquivos) deve ser definida no plano de execução BIM.

3.3.2.5 Estabelecimento dos procedimentos de controle da qualidade dos modelos e dos documentos

Para garantir a qualidade do modelo em todas as fases do projeto e antes das trocas de informações, alguns procedimentos devem ser definidos e implementados. Cada modelo, ou parte do modelo criada durante o ciclo de vida do projeto deve ter seu conteúdo, nível de informação necessário, formato e membro da equipe responsável devidamente estabelecidos no plano de execução BIM, assim como a distribuição do modelo ou dos dados para outros membros da equipe do projeto.

Cada disciplina de projeto que contribui para o modelo deve ter uma pessoa responsável para coordenar a respectiva parte do modelo. Essa pessoa deve ser responsável, também, por resolver problemas que possam surgir com a manutenção do modelo e a atualização de dados.

O controle de qualidade, conforme explicado no Capítulo 1, deve ser realizado em cada etapa do processo de projeto, envolvendo as devidas verificações, análises críticas do projeto ou atividades de validação.

O plano de execução BIM também estabelecerá a necessidade e periodicidade das reuniões de coordenação do projeto, assim como seus meios de realização, presencial ou virtualmente.

Como material suplementar deste livro, há um *template* para a elaboração de um plano de execução BIM.

Exercícios de aplicação

Exercício 3.1

Reflexão sobre os paradigmas de gestão

Um paradigma é uma forma de pensamento ou cognição com base em um contexto particular influenciado por um conjunto básico de crenças. Os paradigmas descrevem pressupostos estabelecidos e convenções e são comumente usados para definir, em um nível muito abstrato, as bases conceituais que sustentam a compreensão de um problema.

Com base nessa definição e em sua experiência, faça uma comparação entre o paradigma proposto na estrutura conceitual da gestão com o paradigma proposto por AsBEA (2015, p. 12-15).

Concentre sua análise em relação às fases de projeto propostas em ambos os casos. Compare-as e indique os pontos de ambas que se adaptam melhor ao uso do BIM.

Exercício 3.2

Proposta de escopo de projetos

Acesse o portal dos *Manuais de escopo* e proceda a um levantamento do escopo de projeto para determinada etapa de projeto de qualquer disciplina disponível, relacionando ainda os entregáveis da referida etapa de projeto.

Exercício 3.3

Entregáveis em um processo tradicional de projeto e em um projeto com modelagem das informações da construção (BIM)

Considere uma etapa de conclusão do projeto executivo em um processo tradicional de projeto e em um processo de modelagem das informações da construção (BIM). Analise as diferenças entre os supostos resultados obtidos e relacione os entregáveis em cada processo (tradicional e BIM).

Exercício 3.4

Que riscos pode trazer a falta do plano de execução BIM ou sérias deficiências nele?

Para determinado segmento de construção, de edificação ou de infraestrutura, e finalidade de uso à sua escolha (residencial, por exemplo), analise os riscos de falhas ou de prejuízos para um projeto em que o plano de execução BIM não foi estabelecido ou apresenta deficiências fundamentais em seus elementos.

O que pode acontecer com o projeto, nessa situação? Explique e exemplifique os possíveis problemas.

Adote as hipóteses necessárias para ilustrar o caso.

Sugestão para exercícios em grupos:

Se este exercício for trabalhado em grupos, cada um desses grupos pode analisar tipos de projeto e segmentos diferentes, promovendo-se, ao final, troca de ideias e debates entre os grupos.

VIDEOAULA
Assista à videoaula deste capítulo.

Referências

ASSOCIAÇÃO BRASILEIRA DE ESCRITÓRIOS DE ARQUITETURA – AsBEA. *Guia AsBEA boas práticas em BIM*, Fascículo I, 2013.

ASSOCIAÇÃO BRASILEIRA DE ESCRITÓRIOS DE ARQUITETURA – AsBEA. *Guia AsBEA boas práticas em BIM*, Fascículo II, 2015. Disponível em: http://www.asbea.org.br/userfiles/manuais/d6005212432f590eb72e0c44f25352be.pdf. Acesso em: 14 abr. 2021.

ASSOCIAÇÃO BRASILEIRA DE NORMAS TÉCNICAS – ABNT. NBR 16636-1: 2017 – *Elaboração e desenvolvimento de serviços técnicos especializados de projetos arquitetônicos e urbanísticos – Parte 1*: diretrizes e terminologia. Rio de Janeiro: ABNT.

ASSOCIAÇÃO BRASILEIRA DE NORMAS TÉCNICAS – ABNT. NBR 16636-2:2017 – *Elaboração e desenvolvimento de serviços técnicos especializados de projetos arquitetônicos e urbanísticos – Parte 2*: projeto arquitetônico. Rio de Janeiro: ABNT, 2017.

BIMe INITIATIVE. *In*: THE BIM dictionary. Disponível em: https://bimdictionary.com/terms/search. Acesso em: 15 abr. 2021.

EASTMAN, C. *et al*. *BIM Handbook*: a guide to building information modeling for owners, managers, designers, engineers, and contractors. Hoboken: John Wiley & Sons, 2008. 490 p.

INTERNATIONAL ORGANIZATION FOR STANDARDIZATION – ISO. ISO 19650-1:2018. *Organization and digitization of information about buildings and civil engineering works, including building information modelling (BIM) – Information management using building information modelling – Part 1*: concepts and principles, 2018.

MANZIONE, L. Proposição de uma estrutura conceitual de gestão do processo de projeto colaborativo com o uso do BIM. 2013. Tese (Doutorado em Engenharia de Construção Civil e Urbana) – Escola Politécnica, Universidade de São Paulo, São Paulo, 2013.

MELHADO, S. B. Qualidade do projeto na construção de edifícios: aplicação ao caso das empresas de incorporação e construção. 1994. Tese (Doutorado em Engenharia de Construção Civil e Urbana) – Escola Politécnica, Universidade de São Paulo. São Paulo, 1994.

MESSNER, J. *et al*. (2019). *Building information modeling execution planning guide version 2.2*. The Pennsylvania State University. Disponível em: https://psu.pb.unizin.org/bimprojectexecutionplanningv2x2/. Acesso em: 15 abr. 2021.

CAPÍTULO **4**

Qualidade dos modelos e a tecnologia BIM: o *kit* de ferramentas do coordenador de projetos

Neste capítulo, são exploradas as práticas de gestão associadas à gestão do processo de projeto, sob a responsabilidade do coordenador de projetos e com auxílio das ferramentas digitais proporcionadas pela tecnologia de modelagem da informação da construção (BIM): um verdadeiro "*kit* de ferramentas" disponível para potencializar essas atividades de gestão.

Inicialmente, exploram-se as atividades de análise crítica, de verificação e de validação das etapas de projeto. A seguir, aprofunda-se a compreensão do papel da detecção de colisões entre partes do modelo e da compatibilização dessas interferências. Discutem-se o procedimento de *clash detection* e o uso do ambiente comum de dados (CDE) como suporte à coordenação de projetos.

4.1 Compatibilização: detecção ou prevenção de colisões?

As atividades de compatibilização de projetos, como explicado anteriormente, visam à eliminação de interferências (colisões, ou *clashes*) entre diferentes partes do projeto ou à sua mútua adequação.

É consenso entre os *experts* do assunto que a detecção de conflitos e interferências passou por mudança de foco e momento apropriados para a sua solução. A prática de compatibilização está se deslocando progressivamente para as etapas mais "a montante": de uma atividade que, antigamente, só era realizada em canteiro de obras (reativa) para etapas cada vez mais antecipadas do processo de projeto (proativa).

Ela deve ser realizada, sempre que surgir a necessidade, o mais cedo possível, ou seja, em etapas não muito adiantadas do processo de projeto, ou, pelo menos, antes de se emitirem os arquivos e documentos de projeto "liberados para execução", ou "liberados para obras".

Ainda em etapas do processo de projeto, quando um problema de compatibilização é detectado, em geral, a sua solução vai demandar modificações de elementos de projeto de uma ou mais disciplinas. Dependendo da complexidade, essas modificações podem ser rápidas e simples de serem efetuadas, ou podem demandar um trabalho multidisciplinar mais extenso.

Assim, no caso de um projeto de edificação, uma colisão entre uma esquadria de fachada e uma viga estrutural, por exemplo, envolvendo arquitetura e estrutura apenas, pode demandar um simples reposicionamento do caixilho, sem mais consequências.

Por outro lado, em um projeto de hospital, a colisão entre sistemas de climatização e de elétrica pode levar a uma necessidade de rever traçados de ambos os sistemas, alterar definições de arquitetura quanto ao forro do ambiente considerado e até mesmo modificar passagens das instalações pelas vigas da estrutura, envolvendo, portanto, pelo menos quatro disciplinas. Um exemplo realista das consequências desse tipo de interferência pode ser a decisão de alterar a altura de piso a piso da estrutura, solução esta que, no "mundo virtual", ainda que trabalhosa, pode ser perfeitamente factível.

Imagine-se, agora, que esta última situação de colisão entre sistemas não tenha sido detectada antes da emissão do projeto "liberado para obras". As modificações necessárias podem não ser mais possíveis, uma vez que, na maior parte dos casos, as interferências entre sistemas prediais somente serão percebidas após a estrutura ter sido executada, e até mesmo já muito próximo ao final das obras. Desse modo, longe de se terem soluções ideais, nesse contexto, serão realizadas alterações que, certamente, não terão o mesmo desempenho daquelas que poderiam ter sido adotadas ainda durante o processo de projeto.

Diante do exposto, conclui-se que as ferramentas digitais de modelagem da informação da construção, se corretamente utilizadas, constituem um poderoso instrumento para se reduzir o risco de situações como a que foi descrita.

4.2 Como prevenir a necessidade da compatibilização

4.2.1 Problema de caráter cultural e universal

De acordo com Akponeware e Adamu (2017), a colaboração entre membros da equipe de projeto, de forma antecipada, é crucial para que o projeto final fique livre de colisões. E os processos de modelagem da informação da construção (BIM) têm a capacidade de reduzir os conflitos entre as disciplinas, por meio da coordenação de projetos. No entanto, as práticas de projeto atuais ainda são dependentes da compatibilização. O artigo desses autores, publicado em uma revista científica internacional, evidencia: o problema não é exclusivamente brasileiro.

Segundo esses mesmos autores, o número significativo de colisões identificados pelas ferramentas de detecção de choques empregadas no projeto ainda é visto como um benefício do processo de *clash detection*. No entanto, indiscutivelmente, a proliferação dessas ferramentas de detecção tornou mais difícil chegar a projetos livres de colisões. Ir além das ferramentas de detecção de conflitos e investigar as raízes reais dessas falhas de compatibilização em projeto pode revelar que, na realidade, a cultura vigente e as práticas de trabalho existentes dificultam a prevenção dos conflitos.

De fato, em um projeto de construção, assim como em qualquer atividade humana, os fatos do presente explicam-se por acontecimentos do passado, que deram origem ou de alguma forma configuraram as premissas para se chegar ao que se tem hoje, de bom ou de ruim, de positivo ou de negativo, de tranquilidade ou de desespero.

Um projeto que, em sua etapa atual, apresenta um número excessivo de colisões a serem resolvidas por atividades de compatibilização, certamente, passou por decisões falhas, incompletas ou equivocadas, ou simplesmente por omissões, em etapas anteriores.

Acrescentem-se a isso os frequentes atrasos que muitos projetos apresentam, como discutido no Capítulo 2 deste livro, e pode-se bem imaginar que um número elevado de problemas de compatibilização, a serem solucionados em um tempo reduzido, levará a uma perda potencial da qualidade das soluções técnicas de projeto.

Assim, fica muito claro que vale aqui o princípio adotado para a gestão da qualidade em qualquer processo: a prevenção é sempre muito mais recomendada do que a correção.

68 Capítulo **4**

4.2.2 Principais causas de falhas de compatibilização

Segundo Akponeware e Adamu (2017), podem-se agrupar em 10 princi-pais grupos as causas de falhas de compatibilização, conforme apontadas por mais de 100 *experts* no tema. O resultado desse agrupamento de causas pode ser visto no Quadro 4.1.

A. Falta de comunicação entre os membros da equipe de projeto

É apontada pela maioria dos *experts* consultados como a principal causa para o elevado número de colisões. Os membros da equipe de projeto, tra-balhando de forma isolada, cada qual em seu próprio escritório, em vários projetos simultaneamente, não se comunicam com a frequência ou com a profundidade necessárias. Os projetos de cada disciplina seguem seu deta-lhamento sem tomar conhecimento suficiente do trabalho feito pelos demais, ampliando a probabilidade de surgirem interferências e conflitos entre eles.

B. Prazos insuficientes de projeto

Ainda que os prazos de projeto possam ser aparentemente longos, se medi-dos em termos de calendário, ou seja, pela sua duração total no tempo, na prática, o número de horas técnicas nem sempre é adequado. Isso se explica pela existência de projetos em paralelo, combinada a interrupções e esperas

Quadro 4.1 Causas de colisões em projeto segundo *experts*, em ordem de importância decrescente

Causas dos problemas de compatibilização
A. Falta de comunicação entre os membros da equipe de projeto
B. Prazos insuficientes de projeto
C. Erros de projeto
D. Complexidade dos projetos
E. Uso de projetos em 2D e em 3D
F. Projetos imprecisos (uso de *placeholders*)
G. Uso de nível de informação inadequado (detalhamento)
H. Objetos com dimensões ou com folgas inadequadas
I. Falta de conhecimento em BIM
J. Outras causas

Fonte: adaptado de Akponeware e Adamu (2017).

que acabam consumindo o prazo estabelecido. Com isso, as soluções podem ser modeladas e entregues sem os necessários cuidados e verificações, dando origem a problemas de compatibilização.

C. Erros de projeto

Os erros de projeto, com origem no trabalho especializado de determinada disciplina, criando colisões ao serem superpostas a outras partes do modelo, são frequentes. Em parte, podem originar-se do uso inadequado dos *softwares*. A falta de verificação dos elementos modelados, interna à disciplina e anterior ao compartilhamento, é outro fator associado à ocorrência dessas colisões.

D. Complexidade dos projetos

Quando o grau de complexidade dos projetos é maior, como no caso de edificações com alta densidade de sistemas prediais, ou com arquitetura inovadora e sofisticada, há maior possibilidade de acontecerem erros ou omissões que terminam por se constituir em fontes de problemas de compatibilização.

E. Uso de projetos em 2D e em 3D

A coexistência de modelos com outros tipos de arquivos de projeto em duas dimensões, particularmente no caso de disciplinas consideradas como menos essenciais ao desenvolvimento dos projetos, é uma situação muito frequente e explicada pelos critérios de seleção e contratação de projetistas, com ênfase em conhecimento técnico e experiência, por exemplo. Essa condição leva o processo de projeto a um acúmulo de soluções, que, não podendo ser integradas a um ambiente comum de dados (CDE), precisarão ser compatibilizadas ao final do processo.

F. Projetos imprecisos (uso de *placeholders*)

Em etapas iniciais de projeto, nas quais os profissionais de projeto usam elementos genéricos para indicar a presença de um componente ou reservar um espaço, ou modelam de forma genérica esses elementos – utilizando-se os denominados *placeholders* –, há o risco de que esses elementos não representem de forma precisa a realidade do que vai ser construído, gerando problemas "ocultos" de compatibilização dos projetos.

G. Uso de nível de informação inadequado (detalhamento)

Apontada por número razoável de *experts* no tema, essa causa explica-se pela pouca definição das formas de produção e de avaliação do nível de informação

70 Capítulo **4**

contido nos modelos. Com alguma frequência, projetos detalhados contêm elementos com diferente nível de informação, podendo, até mesmo, existir lacunas de informação significativas. Ora, nessa condição, pergunta-se: como compatibilizar elementos de projeto virtualmente inexistentes, uma vez que eles não estão representados ou não estão detalhadamente representados no modelo?

H. Objetos com dimensões ou com folgas inadequadas

Os componentes de construção, de acordo com suas características de material, composição, estrutura, formas de fixação etc., devem apresentar dimensões e folgas adequadas à sua utilização. Por exemplo, em alguns casos, uma folga deve ser deixada entre uma esquadria de porta e a parede, de modo a permitir sua fixação. Ou, em outras situações, a própria tolerância dimensional (erro estatístico de medidas de produção) deverá ser respeitada em projeto, sob pena de inviabilizar a execução no contexto do canteiro de obras: caso típico de peças de concreto moldado *in loco*. A desconsideração dessas medidas ou folgas constitui também falha de compatibilização.

I. Falta de conhecimento em modelagem da informação da construção (BIM)

Em um meio profissional que nem sempre remunera adequadamente os serviços de projeto e que não se pauta exclusivamente por mérito, o nível de conhecimento de ferramentas e técnicas de modelagem tende a ser bastante variável. Em uma equipe de projeto, habitualmente, esse nível de conhecimento será heterogêneo, o que não contribuirá para a prevenção da ocorrência de colisões.

J. Outras causas

Entre outras causas apontadas como sendo a origem dos problemas de compatibilização, ainda que com menor relevância ou frequência, estão: falta de prevenção de interferências e conflitos, alterações arquitetônicas tardias, forma de contratação de projetos tradicional.

4.2.3 Estratégias de prevenção da ocorrência de colisões

Como, então, prevenir-se a ocorrência de um número elevado de colisões entre disciplinas? Novamente, trata-se de mudar a cultura vigente e as práticas de trabalho adotadas em projeto, associado à capacitação profissional.

É fundamental que o foco do trabalho realizado pelos projetistas mude, deixando-se de acumular problemas para serem resolvidos na etapa final dos projetos. Bem como, que a qualificação dos profissionais seja aumentada, o que se apresenta como um déficit de origem, em parte, também cultural.

Inicialmente, destaque-se que a verificação de cada disciplina, antes da disponibilização dos elementos para superposição e verificação de interferências, ajudará a reduzir a ocorrência de colisões. O plano de execução BIM (ver Seção 3.3 do Capítulo 3) estabelecerá diretrizes e regras para as entregas pelas disciplinas, que, se devidamente respeitadas, reduzirão o "fluxo" de erros de modelagem para o ambiente comum de dados (CDE), que será tratado na Seção 4.4 deste capítulo.

A cultura de um processo de projeto focado em entregas e com poucos controles intermediários – que deveriam envolver ciclos de verificação, análise crítica e validação bem definidos – leva ao acúmulo de colisões detectado ao final dos projetos.

O Quadro 4.2 apresenta uma comparação entre detecção e prevenção, como estratégias para redução da incidência das colisões em modelos, com base no estudo de Akponeware e Adamu (2017).

Observe-se que, independentemente da tecnologia adotada, a coordenação de projetos sempre deverá adotar postura preventiva quanto ao problema.

Quadro 4.2 Comparação entre os enfoques de detecção e prevenção de colisões

Detecção de colisões (*clash detection*)	Prevenção de colisões (*clash avoidance*)
É um processo reativo que verifica colisões e aciona a coordenação somente após as decisões de projeto terem sido tomadas	É um processo proativo que garante que as decisões de projeto sejam tomadas de forma colaborativa e conjunta
Incentiva o trabalho isolado	Promove o compartilhamento de informações e o trabalho conjunto
Maior tempo de projeto, com maior número de iterações, até se conseguirem soluções satisfatórias	Reduz o tempo do projeto, as informações são compartilhadas com mais frequência e reduz-se o número de iterações
O foco está na ferramenta de detecção de colisões e na melhoria das regras de detecção	O foco vai além das ferramentas; a ênfase está na colaboração entre as disciplinas de projeto
Pode ou não ser feito por um profissional experiente; a compreensão do uso do *software* de *clash detection* é considerada suficiente	Requer profissionais mais experientes com visão mais ampla do processo de projeto
Requer habilidades básicas de coordenação	Requer habilidades de gestão e coordenação mais avançadas

Fonte: adaptado de Akponeware e Adamu (2017).

4.3 Boas práticas para a compatibilização de projetos

A compatibilidade geométrica é um requisito da qualidade do processo de modelagem da informação.

Ela é operacionalizada por meio dos testes de detecção de colisões, sendo uma tarefa bastante comum e reconhecida como um dos grandes benefícios do uso do BIM em projetos.

Quando bem conduzida, a detecção de colisões oferece bons resultados, como melhor coordenação e qualidade do projeto, redução de conflitos na execução de obras e redução de custos, graças à diminuição do retrabalho e do desperdício na construção.

Segundo o BIM *Dictionary*, a detecção de colisões consiste em atividades de processamento, coordenação e rastreamento, que levam à resolução de conflitos detectados, seja visualmente ou automaticamente identificados.

Existem, hoje, muitos *softwares* que executam a detecção, notadamente o Navisworks Manager e o Solibri Office, que são bastante conhecidos e utilizados no Brasil.

4.3.1 Definição

Teste de *clash* é um conjunto predefinido de elementos que devem ser verificados para detectar colisões ou verificar folgas.

A "interseção" é definida pela colisão das geometrias de dois objetos.

Já a verificação de folga pode ser entendida como uma colisão entre um espaço livre predefinido ao redor da geometria de um objeto e a geometria de outro objeto, que "invade", portanto, esse espaço livre. O espaço livre pode ser definido nos *softwares* de detecção de colisão ou modelado no próprio objeto BIM. Ele pode ser usado, por exemplo, para a verificação da abertura de portas, liberação de escadas, liberação para instalação de painel de concreto pré-fabricado, entre outros.

4.3.2 Ciclo da compatibilização de projetos

Normalmente, o processo de compatibilização de projetos consiste em um ciclo de três etapas interligadas:

Etapa 1 – Identificação do problema: em um processo típico de compatibilização, o coordenador de projetos recebe os modelos BIM, os requisitos do projeto e as especificações para iniciar o processo de compatibilização.

Em seguida, ele integra os modelos no *software* de compatibilização e o sistema identifica automaticamente os conflitos. O coordenador de projetos, com base em seus próprios conhecimentos e experiência, analisa os conflitos detectados e identifica quais deles são relevantes.

Etapa 2 – Resolução de problemas: na segunda etapa, os participantes do projeto se reúnem para rever, discutir e desenvolver soluções para resolver as questões identificadas.

Uma vez preparados os modelos e identificadas as questões, a equipe do projeto discute as questões levantadas na etapa de identificação dos problemas. Os participantes interagem e usam sua lógica para discutir e tomar decisões sobre cada questão de projeto, enquanto interagem com ferramentas para navegar e fazer a transição entre diferentes pontos de vista.

Etapa 3 – Documentação dos problemas: finalmente, uma vez que a discussão sobre o assunto terminou, o coordenador de projetos documenta as questões. Nesse ponto, com base em sua estratégia de compreensão e documentação, ele filtra as informações necessárias sobre quais questões capturar, quais detalhes registrar e a quem responsabilizar.

4.3.3 Boas práticas para minimizar e organizar os problemas de compatibilização

Não existem "receitas" para solucionar esses problemas, porém listamos a seguir algumas boas práticas, selecionadas a partir da experiência, que podem ajudar na organização para facilitar a gestão e a priorização das soluções.

4.3.3.1 *Organizar a modelagem dos sistemas prediais por níveis*

Os espaços previstos para os sistemas prediais devem ser resolvidos juntamente com a concepção da arquitetura. Esses espaços podem ser organizados em camadas correspondentes aos níveis onde irão trafegar os dutos e as utilidades dos sistemas. Por exemplo, pode-se adotar um escalonamento de cima para baixo, na seguinte sequência: ar condicionado e ventilação, esgoto e águas pluviais, água fria e incêndio e instalações elétricas. Evidentemente, essa ordem dependerá da complexidade dos sistemas e dos espaços disponíveis. O estudo das rotas pode ser melhorado ainda com a criação de "vias" exclusivas para determinados sistemas, onde uma via pode ser preferencial a outra.

74 Capítulo **4**

4.3.3.2 *Configurar as regras de colisão para eliminar falsos* clashes

Um iniciante normalmente começa o aprendizado da rotina de *clashes* fazendo testes de "tudo contra tudo". O resultado obtido será caótico, pois existirão falsos positivos. Por exemplo, um eletroduto correndo dentro de uma parede é uma situação normal, mas a configuração *par defaut* dos *softwares* não prevê essa possibilidade. Igualmente, elementos de dimensões que não devem influenciar no resultado (por exemplo, no caso de tubos com menos de uma polegada de diâmetro, recomenda-se desprezar), assim como interferências de pequena extensão.

A detecção automática de conflitos é um processo parametrizável nos *softwares*, o que significa que devem ser consideradas tolerâncias e exceções, como se ilustra nas Figuras 4.1 e 4.2.

Embora o processamento das colisões seja uma rotina elementar, ele necessita ser calibrado quanto às tolerâncias admissíveis e gerenciado para evitar a sobrecarga de informações nos relatórios resultantes.

4.3.3.3 *Criar a matriz de* clashes

A prática recomendada é planejar os testes de *clashes* com o uso da assim denominada "matriz de *clashes*", contendo a definição das combinações de disciplinas e prioridades com base no cronograma do projeto.

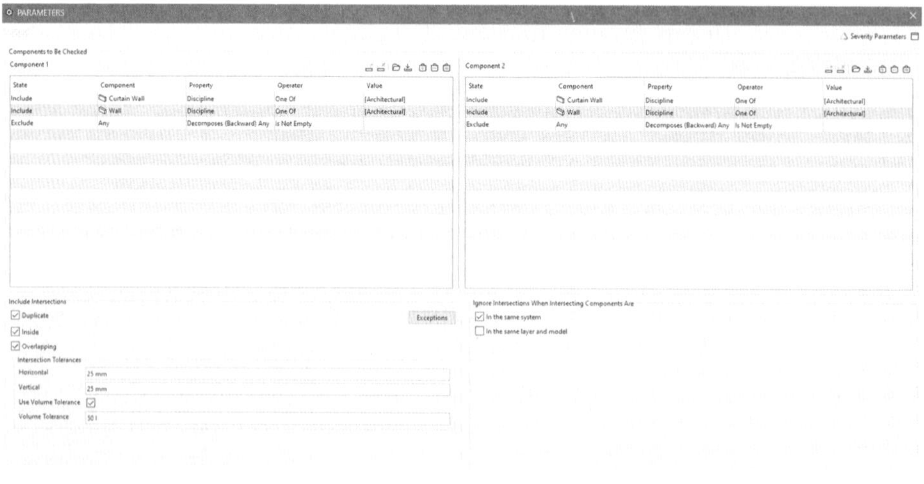

Figura 4.1 Seleção e parametrização de elementos a serem verificados (tela do Solibri Office).

Qualidade dos modelos e a tecnologia BIM: o *kit* de ferramentas do coordenador de projetos

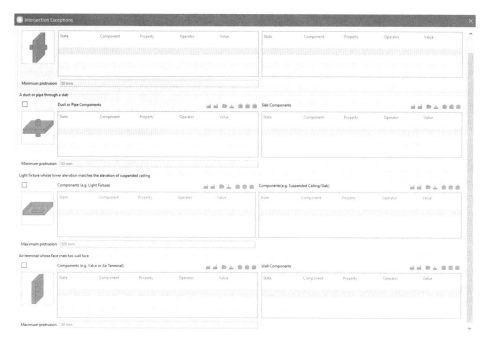

Figura 4.2 Configuração das exceções de objetos (tela do Solibri Office).

A partir da parametrização das colisões e a configuração das exceções, é preparada uma matriz para organizar a sequência de verificação dos *clashes*. Por exemplo, um projeto com as especialidades de arquitetura, estrutura, hidráulica, elétrica e ar-condicionado teria sua sequência de detecção de *clashes* organizada da forma mostrada na Figura 4.3.

		Arquitetura	Estrutura	Ar-condicionado	Hidráulica	Elétrica
		1	2	3	4	5
Arquitetura	1					
Estrutura	2	1				
Ar-condicionado	3	1	1			
Hidráulica	4	1	1	1		
Elétrica	5	1	1	1	1	

Figura 4.3 Matriz de *clashes*.

76 Capítulo 4

4.3.3.4 Classificar e priorizar os problemas de compatibilização

Devido à existência de numerosas interfaces das especialidades em um único projeto, o *software* pode detectar facilmente centenas ou milhares de colisões, principalmente, entre os elementos dos sistemas prediais e da arquitetura ou da estrutura. Caso o processo seja conduzido sem a devida organização, ele tenderá ao caos, pela sobrecarga de informação.

Diversos estudos foram feitos para caracterizar os problemas de compatibilização com vistas a identificar suas principais origens e buscar métodos para organizar o seu processo.

Como exemplo, Mehrbod *et al.* (2019) desenvolveram uma classificação para organizar a tipologia das colisões. Eles definem três grandes categorias como causas primárias das colisões:

- **problemas físicos:** questões que são capturadas por meio dos *softwares* de detecção automática de conflitos quando um ou mais elementos ocupam o mesmo espaço;
- **problemas do processo de projeto:** são causados pelo processo de criação do projeto como erros e conflitos entre sistemas;
- **problemas nos modelos:** causados por deficiências no desenvolvimento do próprio modelo BIM.

O Quadro 4.3 elenca as causas primárias e propõe categorias de classificação. Trata-se de uma classificação não exaustiva e que pode ser adequada, reduzida ou ampliada. Muitas questões mostram que um problema pode ser causa ou consequência de outro. O intuito de se criar um quadro com essas características é possibilitar um entendimento sistêmico pela equipe de projetos.

Quadro 4.3 Caracterização dos problemas de compatibilização

Categoria	Definição
Problemas físicos	
Folga	Invasão da zona de folga de um objeto por outro
Clash	Conflito único entre dois sistemas
Clashes repetidos	São padrões ou grupos de problemas físicos dentro de apenas dois sistemas do edifício. Essa questão de projeto geralmente implica um redesenho substancial de pelo menos um dos sistemas envolvidos. Como exemplo, poderíamos pensar em um conflito entre todos os dutos de ar condicionado com todas as colunas em determinada zona do edifício. Nesse caso, todos os dutos envolvidos deverão ser redirecionados para se acomodarem às limitações de espaço

continua

Qualidade dos modelos e a tecnologia BIM: o *kit* de ferramentas do coordenador de projetos **77**

Quadro 4.3 Caracterização dos problemas de compatibilização *(Continuação)*

Categoria	Definição
Problemas no processo de projeto	
Erro de projeto	Várias possibilidades, por exemplo dois sistemas tentando ocupar o mesmo espaço simultaneamente
Conflito entre múltiplos sistemas	Este tipo de questão refere-se à tentativa de se encaixarem sistemas múltiplos dentro de um espaço confinado. Exemplos de espaços confinados são áreas de entreforro em hospitais, salas de teatro e salas mecânicas. A resolução desse tipo de questão de projeto normalmente leva muito tempo, exige a interação de diversos participantes do projeto e, muitas vezes, envolve mudanças fundamentais nos sistemas
Problemas nos modelos	
Falta de elementos	Faltam elementos relacionados com os componentes, ou partes do modelo
Falta de informações	Falta de informações suficientes sobre o(s) sistema(s) de construção que interferem na coordenação do projeto e no ciclo de construção. Essas incluem diretrizes e requisitos de projeto, sequências de instalação e de processos

Após feita a classificação proposta no Quadro 4.3, recomenda-se organizar a solução dos problemas por prioridades de impacto. Serão identificados problemas que causam grande impacto e exigem soluções complexas e multidisciplinares, assim como problemas mais simples, que necessitam apenas que se desloque de alguns centímetros um objeto, por exemplo.

Para auxiliar essa organização dos problemas, podem ser criados graus de impacto como alto (3), médio (2) e moderado (1).

4.4 Ambiente comum de dados

Informações e comunicações mal estruturadas podem desperdiçar uma enorme parte do tempo e dos custos de um projeto. O projeto colaborativo em BIM exige rigor nos protocolos de gestão dos arquivos e das comunicações e, para alcançar esse objetivo, é fundamental o uso de um ambiente comum de dados (*common data environment* – CDE).

Desenvolver um projeto colaborativo em BIM sem o uso de um CDE, ou com soluções improvisadas, implica alto risco de inconsistência, pois o

78 Capítulo **4**

usuário tem de manter os modelos e garantir sua validade por sua própria conta e risco, o que é complicado e propenso a erros.

Contudo, entender e organizar um CDE requer que sejam seguidas as recomendações da ISO 19650. São recomendações que visam estruturar os dados e permitir sua rápida recuperação e compreensão do processo de trabalho.

Nesta seção, daremos uma visão básica e introdutória do CDE com os seus principais componentes e processos associados.

4.4.1 Que é um CDE?

O CDE é um repositório central no qual as informações do projeto são armazenadas. É usado para coletar, gerenciar, colaborar e compartilhar informações com a equipe do projeto.

Esse repositório central é localizado em uma nuvem computacional na internet ou em *data centers* de propriedade do cliente.

É fundamental compreender que o ambiente comum de dados (CDE) não é apenas um *software*, mas também uma solução para a gestão da informação. A ISO 19650:2, que será explicada no Capítulo 6, adota o CDE como uma solução para dar suporte a todo o macroprocesso de gestão da informação.

As informações nele armazenadas devem ser atualizadas ao longo de todo o ciclo de vida do projeto e do ativo físico. Um CDE permite aumentar a colaboração, a segurança e a inspeção dos dados, simplificando os processos entre o cliente e os fornecedores de projeto.

4.4.2 Componentes básicos de um CDE

Contrariamente ao que se costuma divulgar, um CDE não precisa ser necessariamente um único *software*, visto que ele pode ser também uma combinação entre diferentes soluções integradas, que são agregadas para suprir as funcionalidades mínimas exigidas pela ISO 19650.

Outro equívoco corrente no meio profissional é confundir as diferentes soluções existentes para o gerenciamento eletrônico de documentos (GED) como sinônimas de um CDE. Na realidade, ele inclui, além disso, funcionalidades para o controle dos processos e das comunicações. Assim, o CDE engloba as funções do GED, não se limitando a elas (Fig. 4.4).

O CDE tem dois componentes básicos: a gestão de pacotes de dados estruturados e a gestão das comunicações.

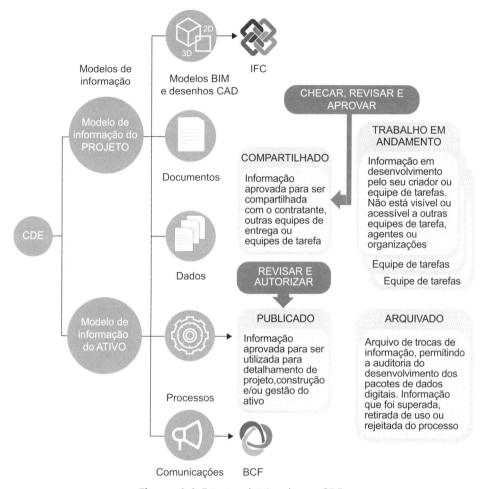

Figura 4.4 Estrutura básica de um CDE.

A ISO 19650 define, na cláusula 3.3.12, um pacote de dados estruturados como um "conjunto de informações persistentes e acessíveis a partir de um arquivo digital, sistema, aplicação ou repositório de dados hierarquizado".

a) um pacote de dados estruturados pode conter modelos BIM, bancos de dados e desenhos;
b) informações persistentes existem por um período longo, o suficiente para terem de ser gerenciadas, ou seja, excluem-se informações temporárias como pesquisas em ferramentas de busca na internet;
c) o nome de um pacote de dados deve ser construído de acordo com uma convenção previamente acordada.

80 Capítulo **4**

A operação de arquivamento e recuperação de dados do CDE requer a estruturação da codificação da nomenclatura dos arquivos por meio do uso consistente de **metadados**.

4.4.3 Gestão de pacotes de dados estruturados com o uso de metadados

Com o uso de metadados no nome do arquivo, é possível controlar os estados da informação, a sua classificação e o controle de revisões nos diferentes estados da informação.

A ISO 19650 estabelece um conteúdo de informações mínimo para identificar os pacotes de dados, conforme se vê no Quadro 4.4.

É importante observar que os identificadores únicos, revisões e estados dos pacotes de dados estruturados não têm convenções acordadas internacionalmente. Portanto, tendem a ser baseados em padrões nacionais ou de projeto, que devem ser acordados e documentados dentro de um padrão de informação definido no plano de execução BIM, antes de adicionar os pacotes ao CDE.

[1] Identificador único: é um metadado definido pela organização proprietária dos projetos. Exemplo: 7001-EXE-PLA-TER.dwg. Ver Quadro 4.5.

[2] Classificação: é um metadado extraído do código de disciplinas da construção (Quadro 1D ABNT NBR 15965-3), que lista as diferentes especialidades técnicas envolvidas.

Quadro 4.4 Informações mínimas para os pacotes de dados

Metadado inserido pelo usuário			Metadado criado automaticamente pelo CDE
[1] Identificador único	**[2]** Classificação	**[3]** Estado	**[4]** Revisão
Código definido pela organização	Quadro 1D ABNT 15965-3	Trabalho em andamento, compartilhado, publicado ou arquivado	Número da revisão

Quadro 4.5 Estrutura de um identificador único possível

Número do contrato	Fase	Plano de projeção	Localização	Formato do arquivo
7001	Executivo (EXE)	Planta (PLA)	Térreo (TER)	.dwg

Qualidade dos modelos e a tecnologia BIM: o *kit* de ferramentas do coordenador de projetos **81**

[3] Estado: é um metadado que identifica a etapa do processo de gestão da informação em que o pacote de dados se encontra, como mostrado no Quadro 4.6.

Dentro do CDE, o objetivo é que os pacotes de dados estruturados evoluam do estado de trabalho em andamento para o estado compartilhado e, se necessário, para o estado publicado, como uma entrega contratual. Isso é conhecido como o fluxo de trabalho do CDE, como ilustra a Figura 4.5.

Quadro 4.6 Estados da informação do pacote de dados estruturado

Estado	Letra	Descrição
Trabalho em andamento	D	É utilizado para designar a informação em desenvolvimento pelo seu criador. Um pacote de dados estruturado que esteja nesse estado não deve estar visível ou acessível a qualquer equipe, com exceção da equipe criadora. Sem valor de entregável contratual
Compartilhado		Usado para permitir o desenvolvimento colaborativo dos modelos de informação. Os dados devem ser consultados por todos aqueles que necessitarem ter acesso aos seus dados e informações para o propósito de coordenação de suas próprias informações. Deve estar visível e acessível a todos com permissão de acesso, porém não deve ser possível editar seu conteúdo. Sem valor de entregável contratual
	C	Compartilhado para coordenação, informação, revisão ou comentários
	O	Compartilhado para orçamento
Publicado		Empregado para designar a informação que foi autorizada para uso, como, por exemplo, na construção de um novo projeto ou na gestão de um ativo. Tem valor de entregável contratual
	A	Aprovado como entregável de fase intermediária
	E	Aprovado como entregável final para execução da obra
	F	Aprovado como *as-built*
Arquivado	F	É empregado para manter um histórico completo de todos os conjuntos de dados que estão superados, seja por informação mais atual, seja por conter erros nas suas informações, que, em algum momento no processo de gestão da informação, foram publicados

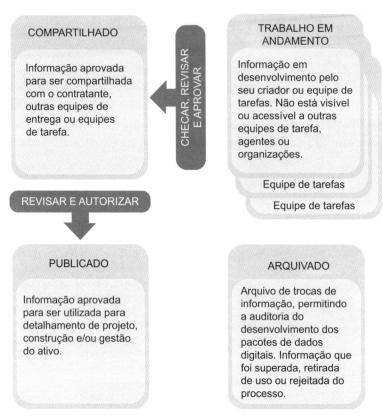

Figura 4.5 Fluxo de trabalho dos estados da informação no CDE.
Fonte: adaptada da ISO 19650.[1]

[4] Revisão: trata-se de um metadado criado pelo próprio CDE. Ele controla automaticamente o número da revisão, evitando, com isso, enganos do usuário.

4.4.4 Funcionalidades de um CDE

O mercado dispõe de diversas soluções de CDE. Das muitas funcionalidades existentes na maioria deles, elencamos algumas fundamentais desejáveis organizadas por categorias, que podem ser vistas no Quadro 4.7.

Recomenda-se também que as soluções de CDE sejam em formato aberto, isto é, trabalhem com modelos em IFC e comunicações em BCF.

---

[1] **Nota:** além das informações mínimas obrigatórias, cada organização poderá incluir outros dados como número do contrato, autor, resumo do conteúdo da revisão, entre outros que julgar necessário. Se for preciso incluir a data, é recomendável que ela seja criada automaticamente pelo CDE.

Qualidade dos modelos e a tecnologia BIM: o *kit* de ferramentas do coordenador de projetos **83**

Quadro 4.7 Funcionalidades desejáveis

Categoria	Funcionalidades
Modelos	
	Visualização de modelos no formato IFC, Figura 4.5
	Capacidades de navegação, como rotação, rolagem, *zoom* e ocultar seletivamente os elementos
	Extrair medidas dos elementos
	Visualização dos dados e atributos dos objetos
	Comparação de revisões de um modelo no visualizador
Colaboração	
	Gestão de equipes
	Controle de acesso
	Painel-resumo de problemas abertos × resolvidos
	Importação e exportação em BCF
	Plugin para *software* de terceiros
	Extração e personalização de relatórios
Biblioteca	
	Bibliotecas de classificação personalizadas
	Bibliotecas para a classificação internacional (*Omniclass, Uniformat* etc.)
Serviços	
	País e local do *data center* que hospeda o CDE
	Armazenamento de dados de acordo com o LGPD (Lei Geral de Proteção de Dados)
	Recuperação de informações (dados ou arquivos) em caso de contingência
Conectividade	
	Integrações tais como realidade virtual, gestão de *facilidades*, realidade aumentada
	API aberta a desenvolvedores
Experiência do usuário	
	Acessível *on-line*, por meio de um simples navegador, sem instalação de *software* de terceiros
	Facilidade de uso
	Período de teste gratuito
	Materiais de apoio, tais como tutoriais em vídeo, manuais do utilizador, FAQs
	Interface em língua portuguesa
	Suporte em língua portuguesa

4.4.4.1 Visualização de modelos no formato IFC

O CDE deve permitir visualizar arquivos de modelo, em formato aberto (IFC), como ilustrado pela Figura 4.6.

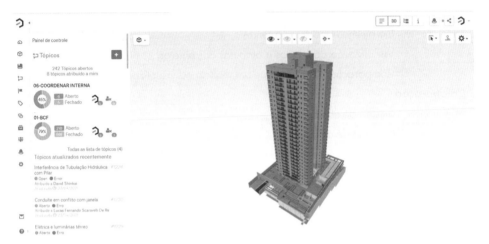

Figura 4.6 Visualizador integrado ao CDE.

4.5 Comunicação e trocas colaborativas da informação

De acordo com a BuildingSMART, o formato *BIM collaboration format* (BCF) foi criado para facilitar as comunicações abertas e melhorar os processos openBIM baseados em IFC, utilizando padrões abertos para identificar e trocar mais rapidamente questões de projeto entre as ferramentas de *softwares* BIM, contornando formatos proprietários e, dessa forma, criando a interoperabilidade necessária para o processo colaborativo.

4.5.1 Informações contidas em um arquivo BCF

Um arquivo BCF pode conter muitas informações a respeito do problema para sua caracterização e rastreabilidade. De maneira geral, ele contém as seguintes informações básicas: uma imagem da câmera (1), o nome do problema (2), a descrição (3), o *status* do problema (4), os responsáveis (5), a data de conclusão (6), os objetos envolvidos na colisão (7) e a caixa para troca de informações entre os projetistas (8), como mostra a Figura 4.6.

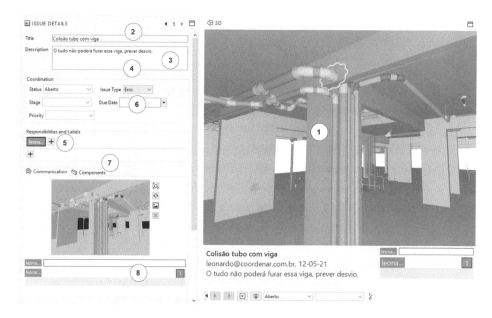

Figura 4.7 Exemplo de arquivo BCF (tela do Solibri Office).

O BCF existe para acompanhar as questões conforme são identificadas, relatadas e resolvidas durante o processo de projeto.

A maioria das questões é identificada nas reuniões de coordenação, que se realiza em um ambiente de colaboração. No entanto, como se trabalha com modelos em IFC, não se pode fazer nenhuma mudança.

Muitos ainda tiram *prints* de tela de um conflito ou de um problema do modelo e criam um relatório em PDF para enviar por *e-mail*. Essa não é uma maneira muito inteligente de se trabalhar, mas uma tarefa massiva e muitas vezes de difícil controle para acompanhar todos os problemas e verificar se todos entregaram as suas tarefas.

O BCF permite que se enviem relatórios de **markups** e comentários gerais para todos os membros do projeto.

Cada edição é registrada com um identificador único, tornando mais fácil rastrear quando as questões foram abertas, quem é responsável por quais questões e para ver quando as questões levantadas são resolvidas.

Particularmente interessante no BCF é a comunicação entre as ferramentas e o *software* de modelagem nativo.

O BCF identificará exatamente quais objetos estão envolvidos em um problema e registrará sua visualização da tela, de modo que, quando alguém

86 Capítulo **4**

abre um problema no formato BCF em seu *software* de modelagem – o que é possível instalando um *plugin* para a leitura –, ele é direcionado para a mesma visão exata em seu modelo, sem necessidade de navegar pelo modelo procurando manualmente por detalhes.

Quando o problema é resolvido no *software* de modelagem o BCF é atualizado, e isso é comunicado de volta ao coordenador de projeto.

Há duas maneiras diferentes de utilizar o BCF: por meio de uma troca baseada em arquivos ou se utilizando de um servidor *web*. Um arquivo BCF (.bcfzip) pode ser transferido de usuário para usuário, editado e devolvido. Os arquivos BCF podem ser compartilhados, desde que todos mantenham a integridade do arquivo BCF e múltiplas cópias dele não sejam distribuídas.

Como alternativa ao fluxo de trabalho baseado em arquivos, existe o modo apoiado em serviço *web* para BCF. Isso envolve a implementação de um servidor BCF, com a opção de ser também o ambiente comum de dados, que armazena todos os dados BCF e permite aos participantes do projeto sincronizar a criação, a edição e o gerenciamento dos tópicos BCF em um ambiente centralizado.

Comentários, trocas de mensagens, identificação de problemas e solicitação de informações e revisões dos modelos BIM devem ser, portanto, realizados utilizando o formato BCF, uma vez que ele permite, em conjunto com os modelos BIM no formato IFC, comunicar essas solicitações de informação do projeto utilizando-se de padrões abertos.

4.5.2 Providência fundamental: abolir o uso do *e-mail* no projeto

O *e-mail* é uma forma popular de comunicação que está bem enraizada em nossa vida pessoal e profissional, e muitas de nossas tarefas chegam assim. No entanto, ele é totalmente inadequado para gerir as comunicações em projeto. Então, nesse ponto uma linha divisória deve ser traçada na comunicação. O uso do BCF em um CDE permite identificar, comunicar e rastrear os problemas levantados pela coordenação ou pelos projetistas e vinculá-los aos modelos, como se mostra nas Figuras 4.7 e 4.8.

O uso do CDE permite que o fluxo de comunicação entre o coordenador de projetos e o projetista flua sem a necessidade de intermediários, reuniões e métodos manuais de comunicação. Toda a transação é feita entre os computadores em linguagem de máquina, precisa e no tempo certo.

Figura 4.8 Tela do CDE Bimsync® mostrando o painel resumo dos BCFs.

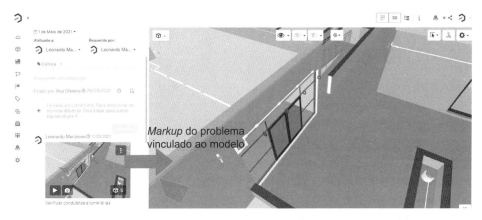

Figura 4.9 Marcação de um problema vinculado diretamente ao modelo BIM.

A Figura 4.9 ilustra o ciclo de coordenação utilizando um CDE, IFC e BCF, conforme a sequência:

[1] O coordenador do projeto faz o *download* do modelo no formato IFC e verifica as inconsistências no *software* de compatibilização.

[2] O *software* de compatibilização gera o relatório de erros no formato BCF e faz o *upload* para o CDE.

[3] O projetista é notificado pelo CDE e faz o *download* do relatório em BCF para o *software* de autoria.

[4] O projetista atende aos comentários, corrige o modelo e faz o *upload* da nova versão em IFC para o CDE.

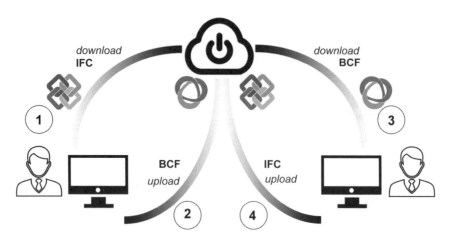

Figura 4.10 Ciclo de compatibilização de um projeto em BIM.

Exercícios de aplicação

Exercício 4.1

Qual coordenador de projetos nunca passou por situações em que a compatibilização ou a falta dela levou a situações inesperadamente complicadas?

Neste exercício, você deve relatar alguma experiência, sua própria ou de alguém que você entrevistou, explicando um problema relacionado com a compatibilização de projetos. A situação descrita pode ter ocorrido ainda durante o processo de projeto, ou pode tratar-se de uma falha de compatibilização percebida somente durante a execução das obras, por exemplo.

Após relatar a situação, procure encontrar as suas origens, ou seja: em qual momento, provavelmente, a falha foi gerada? De que forma ela poderia ter isso evitada?

Apresente um esquema do tipo diagrama de causa e efeito, para ilustrar o caso.

Sugestão para exercícios em grupos:

Para a discussão do grupo, cada integrante deve trazer o seu caso de compatibilização, previamente analisado.

O grupo discutirá os pontos em comum entre as diferentes situações relatadas e proporá, de comum acordo, algumas orientações para a prevenção da ocorrência, no processo de projeto, dessas falhas de compatibilização.

Exercício 4.2

Teste prático

Como material suplementar desta obra, você encontrará uma pasta com o modelo BIM denominado "Clinic" (Fig. 4.11). Ele está em formato IFC, sendo composto pelos modelos de arquitetura, estrutura, elétrica, hidráulica e ar-condicionado. Faça o *download* e monte a matriz de *clashes*, configurando os parâmetros e as exceções. Monte os modelos federados correspondentes.

Rode o *software* de detecção de colisões de sua preferência e compile os resultados. Classifique-os conforme os critérios do Quadro 4.3. Comente os resultados e identifique as causas que podem ser trabalhadas para a eliminação dos problemas nesse projeto exemplo.

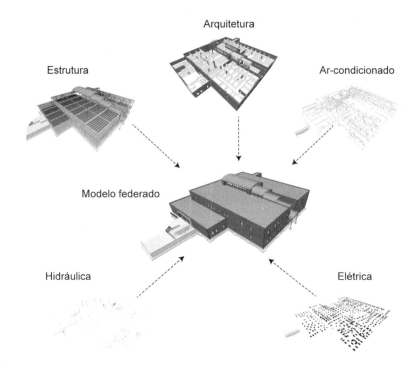

Figura 4.11 Modelo Clinic.

Exercício 4.3
Quem deve contratar o CDE?

O contrato do CDE pode ser feito pelo proprietário, pelo gerenciador ou pelo projetista líder. Discuta essas possibilidades, montando um quadro-resumo, e conclua, em sua opinião, quem deve contratar o CDE.

Exercício 4.4
Padrão aberto

Vamos supor que determinado CDE tenha a funcionalidade de comunicação no formato BCF, porém ele somente exporta o BCF e não importa. Em sua opinião, essa configuração do CDE permite o fluxo em padrão aberto ou fechado? Justifique.

Exercício 4.5
Solução de CDE

Imaginemos uma solução que combine um servidor de arquivos BCF com um repositório de dados semelhante ao Google Drive. Essa solução é um CDE? Sim ou não? Justifique a resposta.

VIDEOAULA
Assista à videoaula deste capítulo.

Referências

AKPONEWARE, A. O.; ADAMU, Z. A. Clash detection or clash avoidance? An investigation into coordination problems in 3D BIM. *Buildings* 7, nº 3: 75, 2017. Disponível em: https://doi.org/10.3390/buildings7030075. Acesso em: 15 abr. 2021.

INTERNATIONAL ORGANIZATION FOR STANDARDIZATION – ISO. ISO 19650-1:2018. *Organization and digitization of information about buildings and civil engineering works, including building information modelling (BIM) – Information management using building information modelling – Part 1:* concepts and principles, 2018.

INTERNATIONAL ORGANIZATION FOR STANDARDIZATION – ISO. ISO 19650-2:2018. *Organization and digitization of information about buildings and civil engineering works, including building information modelling (BIM) – Information management using building information modelling – Part 2:* delivery phase of the assets, 2018.

MEHRBOD, S. *et al.* Beyond the clash: investigating BIM-based building design coordination issue representation and resolution. *Journal of Information Technology in Construction*, v. 24, 2019.

CAPÍTULO **5**

Competências e maturidade em BIM

Este capítulo abordará as competências e a maturidade em BIM. Veremos o que é a competência em BIM, o que é a maturidade e por que é importante medir a maturidade em BIM para as empresas de projeto, para as organizações envolvidas no projeto e para o próprio projeto desenvolvido em BIM.

Ao final do capítulo, será demonstrado como é possível realizar a avaliação da maturidade em BIM e será detalhada a ferramenta a ser utilizada para essa finalidade.

Para melhor compreensão da avaliação da maturidade em BIM, será apresentado ainda um exemplo didático, fictício, em uma empresa de projetos.

Introdução

Vimos no Capítulo 1 que o projeto não está apenas ligado ao seu resultado, aos produtos entregues, e que o projeto pode e deve ser percebido também como um processo.

Ocorre que esse processo, em um projeto multidisciplinar, envolve a organização de uma equipe de projeto temporária, da qual participam, por exemplo, a empresa cliente, a empresa construtora, as empresas responsáveis pelo desenvolvimento das diversas disciplinas do projeto, além de consultores, fornecedores e outros envolvidos. No contexto de um projeto desenvolvido em BIM, a qualidade final do projeto, do modelo e das informações dependerá da gestão dos diversos aspectos do BIM nessa organização temporária de projeto e, consequentemente, em cada empresa envolvida.

Por essa razão, as empresas e as organizações devem planejar o nível de qualidade do projeto em BIM que pretendem atingir e necessitam também verificar o atingimento desse nível.

94 Capítulo 5

Esse nível de qualidade do projeto em BIM depende de diversos fatores, dentre os quais: das competências em BIM dos participantes do projeto e da melhoria contínua dessas competências.

5.1 Como definir competências e avaliar maturidade

A implementação da modelagem da informação da construção (BIM) em uma organização ou projeto se desenvolve aos poucos. Para que isso ocorra, é necessário o desenvolvimento gradativo de competências imprescindíveis para o bom desempenho das atividades. Durante a sua evolução, a modelagem passa por estágios até chegar à sua excelência/funcionamento pleno, quando há completa integração das informações, que passam a ser usadas com eficácia. Para acompanhar esse crescimento, existem ferramentas para identificar e avaliar o nível de maturidade em que se encontra o modelo de gestão daquela empresa ou do projeto.

5.1.1 Que são competência e maturidade em BIM?

5.1.1.1 Competência em BIM

No projeto desenvolvido com modelagem da informação da construção, a competência em BIM consiste na habilidade dos agentes atuantes para utilizar o próprio BIM, ou seja, a habilidade no emprego de suas ferramentas, seu fluxo de trabalho e seus protocolos, por exemplo. Competência em BIM é a habilidade em usar as tecnologias, os processos e as políticas que constituem a modelagem da informação da construção para desenvolver um entregável em BIM (Succar, 2013).

As tecnologias, os processos e as políticas referem-se aos três campos do BIM, definidos por Succar (2009). Dentro de cada um desses campos, ou áreas, as competências crescem gradativamente e em conjunto com os outros campos, durante um processo de implementação de BIM.

O campo da tecnologia refere-se basicamente aos *softwares*, aos *hardwares* e às redes utilizados pela equipe. Devido à grande quantidade de dados presente nos modelos, torna-se fundamental que a organização tenha boa capacidade de *hardware*. Essa capacidade de *hardware* envolve aspectos como a quantidade de computadores, a qualidade dos seus componentes (disco rígido, processador, placa de vídeo, memória RAM etc.) e a capacidade de armazenamento de dados. Além disso, a rede e os servidores utilizados também fazem parte desse campo, em razão da necessidade de compartilhamento de grande quantidade de dados. Em relação aos *softwares*, consiste na sua adequação ao projeto em desenvolvimento, na disponibilidade e na quantidade de licenças, além da interoperabilidade entre esses *softwares*.

O campo de processos envolve as definições de fases de projeto, das metas da equipe e a previsibilidade da produção, assim como a regularidade quanto ao nível e à qualidade dos entregáveis. Esse campo está vinculado à gestão, às funções de cada um dos participantes da equipe, à comunicação e às trocas de conhecimentos entre eles. Ele não se refere à modelagem dos objetos em si, mas engloba aspectos importantes que influenciam e impactam diretamente a qualidade dos entregáveis.

Em relação ao campo de políticas, nesse campo estão as habilidades das empresas e organizações referentes a cumprir padronizações, protocolos, contratos e outros. Trata-se da capacidade de entregar os dados dentro dos padrões estabelecidos, normatizados, ou seja, a adequação e a regularidade dos entregáveis. Dadas as habilidades dos profissionais para contribuir quanto à qualidade do projeto e do processo em BIM, nesse campo incluem-se ainda o treinamento de novos integrantes do projeto ou da empresa, bem como sua regulamentação e, ainda, a capacidade de se adaptar (e/ou corrigir) a partir do treinamento.

5.1.1.2 Maturidade em BIM

Maturidade em BIM é a melhoria contínua da qualidade, da repetibilidade e da previsibilidade, no contexto da competência em BIM disponível (Succar, 2013). A maturidade em BIM de uma organização ou equipe é classificada por meio dos níveis de maturidade em BIM, também chamados de marcos de melhoria do desempenho e que são distintos dos estágios BIM.

Os níveis de maturidade em BIM possibilitam análise e certificação da velocidade de entrega, da riqueza de dados ou qualidade da modelagem que não são visíveis nos estágios BIM. Ou seja, os níveis de maturidade em BIM permitem avaliação dos entregáveis de determinada equipe ou organização (Succar, 2009).

5.1.2 Estágios de evolução da maturidade em BIM nas organizações

Os estágios BIM medem o nível de capacidade de uma equipe ou organização. Nessa escala de crescimento, as competências – referentes a tecnologias, processos e políticas da organização – são incrementadas gradualmente até que se chegue aos requisitos mínimos do estágio seguinte, que marcam uma mudança no processo de projeto. Dessa forma, a organização cresce gradualmente na implementação de BIM, dentro dos seus três campos. Os estágios de competências BIM definem marcos revolucionários de desempenho (Fig. 5.1).

5.1.2.1 Pré-BIM

O estágio de capacidade pré-BIM refere-se às práticas tradicionais do processo de projeto, em que a construção é representada – basicamente, por meio de linhas, arcos e polígonos – em um plano geométrico, sendo a produção de pranchas impressas o principal objetivo dessa fase. No pré-BIM, o projeto é representado por desenhos feitos à mão, por desenhos 2D assistidos por computador ou representações 3D assistidas por *softwares* que não se baseiam em objetos, como o AutoCAD da Autodesk e o SketchUP do Google.

Mesmo com o auxílio de *softwares*, ocorre ainda um grande trabalho mecânico por parte do projetista, se comparado aos estágios posteriores, havendo grande possibilidade de existirem erros humanos nas representações de plantas, cortes e fachadas.

Nesse estágio, não há informação armazenada nos elementos construtivos, os objetos não são parametrizados, trabalha-se apenas com representação geométrica. A informação se encontrará em documentos escritos, pranchas e detalhes 2D. Portanto, não há gestão inteligente da informação.

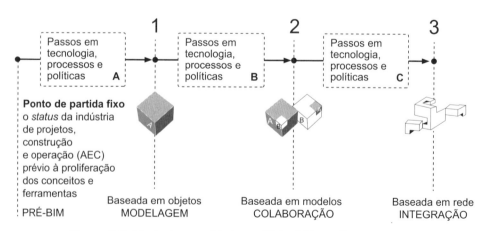

Figura 5.1 Níveis de maturidade em BIM – BIM Excellence Initiative.
Tradução de Leonardo Manzione.
Fonte: adaptada de Succar (2013).

Geralmente, é usado *software* CAD 2D, com o objetivo de facilitar a elaboração das representações. Pode-se até chegar a visualizações 3D em alguns *softwares*, mas apenas como uma representação geométrica abstrata da construção, em que os elementos construtivos continuam sem informação, pois são apenas imagens.

Outra característica desse estágio é que cada disciplina trabalha separadamente e não há colaboração entre os integrantes, abrindo grande margem para problemas de compatibilização. Os quantitativos, as estimativas de custos e as especificações não advêm do modelo de visualização, nem são vinculados à documentação.

5.1.2.2 Estágio 1 do BIM – Modelagem baseada em objetos

Esse estágio é marcado pela modelagem baseada em objetos, por meio do emprego de *softwares* de modelagem 3D, como o Revit da Autodesk, o ArchiCAD da Graphisoft, ou o Tekla da Trimble. Os projetos já não são apenas representações. Apesar de a documentação final ainda ser constituída majoritariamente por desenhos 2D, projeta-se um modelo, um protótipo virtual da construção. Os desenhos 2D de plantas, fachadas e cortes são gerados automaticamente por esses *softwares*, diminuindo o trabalho mecânico e evitando retrabalho.

Os objetos agora são parametrizados e há maior detalhamento, que facilita também a geração de quantitativos, a qual pode ser feita de forma automática. O *software* é capaz de identificar que uma porta é realmente uma porta e precisa de uma parede para ser instalada, por exemplo.

A comunicação entre as disciplinas aumenta um pouco, mas os modelos gerados são unidisciplinares e nota-se um problema de interoperabilidade entre os *softwares*. Há, então, a busca de colaboração interna, feita basicamente por meio da troca de arquivos PDF ou DWG, por exemplo, contendo documentos 2D ou detalhes 3D.

Nessa fase, os integrantes da equipe trabalham separadamente, de modo similar ao estágio anterior.

5.1.2.3 Estágio 2 do BIM – colaboração baseada em modelos

As características principais desse estágio de capacidade são o trabalho colaborativo e a interoperabilidade, que tornam o compartilhamento de informações entre os projetistas mais fácil do que no estágio anterior. Nesse processo colaborativo do BIM, todos os envolvidos trabalham em conjunto, de maneira mais ativa, a fim de projetar o melhor modelo possível.

Na colaboração baseada em modelos, a ideia é que os integrantes da equipe "falem a mesma língua", o que é viabilizado pela interoperabilidade. Há, portanto, um intercâmbio dos modelos de cada disciplina, que precisam ser acessíveis aos integrantes da equipe. Esses arquivos podem estar em formatos não proprietários, como o *Industry Foundation Classes* (IFC), ou em formatos de *softwares* de mesmo proprietário. No primeiro caso, cada disciplina, trabalhando em *softwares* de diferentes proprietários, deve ser capaz de gerar e abrir esse formato de arquivo em comum. No segundo, os integrantes de cada disciplina utilizam um mesmo *software* capaz de trabalhar em mais de uma disciplina, ou diferentes *softwares* de um mesmo proprietário, de maneira que seja possível associar o trabalho de todas as disciplinas (Fig. 5.2).

Além disso, a interoperabilidade possibilita as aplicações 4D (análise de tempo) e 5D (estimativa de custos) do BIM, ou seja, a elaboração de planejamento de execução das obras e de orçamentos, respectivamente. Nessa fase, é possível também o *clash detection*, a detecção automática de conflitos entre as disciplinas.

O uso de plataformas que facilitam o trabalho colaborativo é uma característica dessa fase, na qual podem ser compartilhados os arquivos e as informações.

No entanto, a comunicação entre os integrantes ainda é feita de forma linear, e a troca de informações ocorre entre um profissional e outro. Ainda não existe um canal de integração, no qual todos podem trabalhar remotamente em cima do mesmo modelo.

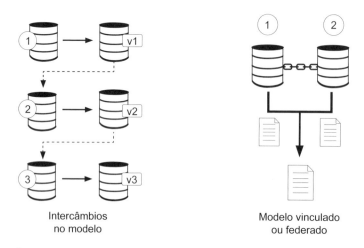

Intercâmbios no modelo

Modelo vinculado ou federado

Figura 5.2 Intercâmbio de modelo e modelo vinculado ou federado.
Fonte: adaptada de Succar (2013).

5.1.2.4 Estágio 3 do BIM – integração baseada em rede

Na integração baseada em rede, a colaboração evolui para a integração, que é feita por meio de algum tipo de rede – característica imprescindível desta fase –, na qual os agentes podem trabalhar na elaboração do modelo. A integração proporciona o desenvolvimento de um modelo interdisciplinar, permitindo análises mais complexas desde as etapas iniciais do processo de projeto, como mostrado a seguir na Figura 5.3.

5.1.2.5 Pós-BIM

O pós-BIM não é ainda muito bem definido, mas representa a meta das implementações BIM, após passar pelos estágios anteriores. Com as competências do estágio 3 consolidadas, no pós-BIM há a capacidade de compartilhar informações com bases de dados externas, estabelecendo-se *links* com elas.

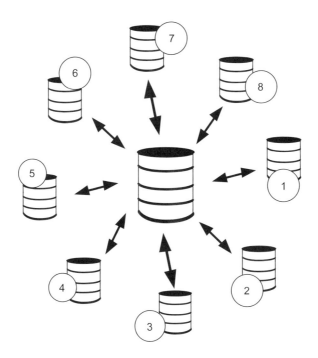

Modelos integrados
(não necessariamente um único modelo)

Figura 5.3 Modelo integrado.
Fonte: adaptada de Succar (2013).

Trata-se de um estágio com grande quantidade de dados envolvida. Nessa fase, a modelagem da informação da construção (BIM) associa-se a outras tecnologias e sistemas de informação. Essa fase também é denominada *virtual Integration Design, Construction and Operation* (viDCO), segundo definido por Succar (2009).

No Capítulo 7, serão discutidas algumas tendências tecnológicas associadas ao uso de inteligência artificial, que permitem se aproximar do estágio de viDCO.

5.2 Ferramenta para avaliação da maturidade da empresa e do profissional

A implementação da modelagem da informação da construção (BIM) de maneira consistente e eficaz requer a adoção de diversas medidas pelas empresas ou organizações, medidas essas que envolvem decisões claras sobre a tecnologia, os processos e a política organizacional acerca do BIM.

Dessa forma, como foi mencionado na introdução deste capítulo, a empresa ou organização na qual o BIM está sendo implementado necessita fazer uma avaliação acerca das medidas adotadas, a fim de ter um diagnóstico confiável do resultado da adoção de tais medidas.

Para tanto, a classificação dos níveis de maturidade em BIM permite reconhecer o nível de evolução (melhoria contínua da qualidade, repetibilidade e previsibilidade, no contexto da competência em BIM) em que a empresa ou organização se encontra. A classificação apresentada por Succar (2009) evolui do **nível ad-hoc** (a), mais básico, ao nível **otimizado** (e), havendo três níveis intermediários: **definido** (b), **gerenciado** (c) e **integrado** (d). Ver Figura 5.4.

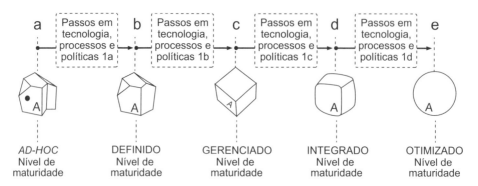

Figura 5.4 Níveis de maturidade em BIM – BIM excellence initiative.
Fonte: adaptada de Succar (2013).

Nível *ad-hoc* (a): é um nível de entrada, de preparação na implementação do BIM, no qual apenas as ferramentas tecnológicas de BIM (como *hardwares* e *softwares*) foram adquiridas, mas ainda não se estabeleceu um planejamento estruturado de implementação do BIM na organização ou empresa e, portanto, há uma indefinição de processos e políticas do BIM.

Nível definido (b): nesse nível subsequente ao *ad-hoc*, já se pode encontrar a documentação, ainda que inicial, de processos e políticas para implementação do BIM, o que inclui diretrizes para o BIM, manuais de treinamento de funcionários e colaboradores, orientações para o trabalho e padrões de entrega.

Nível gerenciado (c): esse é o nível intermediário, em que a empresa ou organização já possui objetivos bem definidos, com planos de ação e de monitoramento. Rodrigues (2018) comenta que, nesse nível gerenciado, já são institucionalizadas as metas para a modelagem da informação da construção (BIM), as quais são alcançadas de forma mais ou menos regular, como também se tornam visíveis as mudanças acerca de tecnologia, processos e políticas.

Nível integrado (d): neste penúltimo nível de evolução, as funções e as metas para BIM já estão incorporadas na organização ou empresa de projeto, como também a modelagem da informação da construção já é claramente reconhecida por toda a equipe de projeto como uma vantagem competitiva, utilizada para atrair e manter os clientes. Para esse nível integrado, Rodrigues (2018) destaca que deve existir boa colaboração com os parceiros, e as entregas de projeto são sincronizadas, como também a maior produtividade se torna previsível.

Nível otimizado (e): o nível mais elevado é caracterizado principalmente pela proatividade, na busca de melhoria dos processos ou políticas, incluindo a busca por soluções inovadoras de produtos e processos e por oportunidades de negócio.

5.2.1 Matriz de maturidade em BIM

Para se identificar em qual nível de maturidade uma determinada organização ou empresa se encontra, é necessário medir o seu desempenho a partir das medidas adotadas (por essa organização ou empresa) para tecnologia, processos e políticas na implementação do BIM.

102 Capítulo **5**

Com esse entendimento, Succar (2009) criou a matriz de maturidade em BIM a partir de modelos e índices de maturidade já existentes desenvolvidos com base em experiências e práticas do mercado. Essa matriz é aplicável e demonstra flexibilidade para a adaptação da avaliação às diversas realidades das empresas em relação ao nível de maturidade em BIM. A matriz de maturidade consiste em um conjunto de requisitos ordenados em tabela na qual eles progridem em estágios crescentes dentro de uma métrica linear, do mais baixo ao mais alto.

A matriz de maturidade em BIM pode ser desenvolvida e aplicada pela própria empresa, como forma de fazer uma autoavaliação, mas o ideal é que a avaliação tenha a presença de um consultor externo à empresa ou projeto. Dessa forma, a matriz de maturidade pode ser, ao mesmo tempo, uma ferramenta de verificação (ou de auditoria), bem como uma ferramenta de planejamento, pois permite deduzir o que e quanto falta para que cada estágio atinja graus mais elevados.

Para aplicação da matriz, os critérios de ranqueamento da matriz, segundo Succar (2009), devem ser escolhidos e definidos pelo consultor e/ou empresa, seguindo os critérios sugeridos como diretrizes.

A matriz é dividida em tecnologia, processos, política e estágios. Em razão da grande quantidade de informações que constam na matriz, apresentamos no Quadro 5.1 apenas a parte relativa à tecnologia com texto preenchido na coluna "Gerenciado". A matriz completa pode ser encontrada na monografia de especialização de Rodrigues (2018), disponível em: http://www.poli-integra.poli.usp.br/library/pdfs/844984ab9c1c1ac68423a55c0e465be5.pdf. Acesso em: 16 abr. 2021.

Devido às suas dimensões, o Quadro 5.1 apresenta-se dividido em duas páginas, para melhor visualização do conjunto.

5.3 Exemplo de utilização da matriz de maturidade em BIM

Utilizaremos um exemplo fictício, apresentado de forma didática no Quadro 5.2, para a avaliação da maturidade em uma empresa de projetos de determinada disciplina. Para tanto, devem-se utilizar as tabelas propostas por Succar (2009) referentes a tecnologia, processos e políticas, além da classificação dos estágios de evolução do BIM. Mesmo que a granularidade permita uma subdivisão das áreas de tecnologia, processos e políticas, com a finalidade de tornar a avaliação mais precisa, ainda assim, os atributos são razoavelmente

Quadro 5.1 Matriz de maturidade em BIM

	Áreas-chave de maturidade	a **Inicial** (máx. 10 pt)	b **Definido** (máx. 20 pt)	c **Gerenciado** (máx. 30 pt)	d **Integrado** (máx. 40 pt)	e **Otimizado** (máx. 50 pt)
TECNOLOGIA	**Rede:** soluções, segurança e controle de acesso			As soluções de rede para coleta, armazenamento e compatilhamento do conhecimento gerido dentro e entre as organizações, são geridas por meio de plataformas comuns. As ferramentas de gerenciamento de conteúdo e de ativos são implantadas para regular os dados por meio de conexões de banda larga.		
		__ pontos	__ pontos	__ pontos	__ pontos	__ pontos

continua

Quadro 5.1 Matriz de maturidade em BIM (Continuação)

Maturidade →

Áreas-chave de maturidade		a Inicial (máx. 10 pt)	b Definido (máx. 20 pt)	c Gerenciado (máx. 30 pt)	d Integrado (máx. 40 pt)	e Otimizado (máx. 50 pt)
TECNOLOGIA	Software: aplicações e dados			A seleção e o uso de softwares são gerenciados e controlados de acordo com o tipo de entregáveis definidos. Os modelos BIM são base para as vistas 3D, representações 2D, quantificações e estudos analíticos. O uso de dados, armazenamento e as trocas são monitorados e controlados. O fluxo de dados é documentado e bem gerenciado. A interoperabilidade é obriga-		
		___ pontos	___ pontos	___ pontos	___ pontos	___ pontos
	Hardware: equipamento, localização e mobilidade			Existe uma estratégia estabelecida para documentar, gerenciar e manter o equipamento para o uso do BIM. O investimento em hardware é bem orientado para melhorar a mobilidade do pessoal e aumentar a produtividade do BIM.		
		___ pontos	___ pontos	___ pontos	___ pontos	___ pontos

Conjunto de competências →

Fonte: adaptado de Succar (2013).

Quadro 5.2 Cálculo de um hipotético grau de maturidade em BIM

CÁLCULO DO ÍNDICE DE MATURIDADE EM BIM Avaliação na granularidade nível 1		A Inicial 10 pt	B Definido 20 pt	C Gerenciado 30 pt	D Integrado 40 pt	E Otimizado 50 pt
CAMPOS		A Inicial 10 pt	B Definido 20 pt	C Gerenciado 30 pt	D Integrado 40 pt	E Otimizado 50 pt
Tecnologia	Software			X		
Tecnologia	Hardware	X				
Tecnologia	Rede		X			
Processos	Recursos humanos			X		
Processos	Atividade e fluxo de trabalho		X			
Processos	Produtos e serviços		X			
Processos	Liderança e gerenciamento				X	
Políticas	Preparatória				X	
Políticas	Regulatória			X		
Políticas	Contratual		**X**			
Estágio 2	Colaboração			X		
Escala	Organização		X			
Subtotal		10	100	120	80	0
Total de pontos						310
Grau de maturidade						25,83
Índice de maturidade						

Fonte: adaptado de Rodrigues (2018).

subjetivos. Por essa razão, cabe ao avaliador selecionar quais indicadores de granularidade serão utilizados e como eles serão avaliados, a fim de tornar a avaliação mais eficiente, reduzindo a subjetividade.

Neste exemplo fictício, em relação à tecnologia, será considerado que os *softwares* utilizados pela empresa são adequados aos trabalhos desenvolvidos e a quantidade de licenças, renovadas com a frequência necessária, é suficiente para todos trabalharem sem dificuldades ou interrupções. Com relação ao *hardware*, a empresa também possui computadores suficientes para suprir a demanda dos projetistas em suas horas de trabalho habituais, cada máquina apresenta processador, memória e placas de vídeo adequados ao trabalho, cuja manutenção é realizada preventivamente, por meio de contrato com empresa capacitada para tal. Sobre a rede, esta possui banda com velocidade suficiente para a troca de informações interna e externa à empresa de projeto, como também todos os projetos desenvolvidos possuem armazenamento em nuvem.

Sobre os processos de trabalho e desenvolvimento de projeto, a empresa fictícia possui gestão atuante, que lidera a equipe, realiza a definição dos recursos necessários à equipe em cada projeto e a definição clara e consolidada do processo de trabalho, com instruções detalhadas que orientam o desenvolvimento do modelo e a extração dos entregáveis. Também existe clara definição acerca da metodologia e da programação para verificação e validação dos modelos.

No que se refere à política preparatória, todos os projetistas colaboradores recém-contratados recebem treinamento e acompanhamento prolongado realizado diretamente pelo seu superior imediato. Entretanto, não existem treinamentos periódicos de renovação e atualização dos conhecimentos.

Sobre a política regulatória, o processo de trabalho é formalizado por meio de manuais de procedimentos das atividades. Em relação à política contratual, porém, ela ainda carece de desenvolvimento, principalmente em relação ao escopo para modelagem da informação da construção (BIM).

Após aplicar as pontuações individuais para a granularidade nos níveis de maturidade identificados, calculam-se o grau de maturidade e o índice de maturidade. O grau de maturidade é a média da pontuação das 15 áreas de granularidade avaliadas, enquanto o índice de maturidade é calculado percentualmente entre o total de pontos obtidos pela empresa (528) e o total de pontos máximo disponível (600), o que resultou em 88 %. Em seguida, deve-se utilizar a tabela com a classificação numérica da maturidade, para identificar o nível de maturidade em BIM atingido pela empresa.

Como pode ser visto no Quadro 5.3, a empresa fictícia analisada obteve índice de maturidade de 88 %, sendo considerada com nível de maturidade otimizado, correspondente a alta maturidade.

Competências e maturidade em BIM **107**

Quadro 5.3 Graus de maturidade em BIM

GRAU DE MATURIDADE EM BIM DA EMPRESA X			
	Nível de maturidade	**Classificação textual**	**Classificação numeral**
A	Inicial	Baixa maturidade	0 – 19 %
B	Definido	Média-baixa maturidade	20 – 39 %
C	Gerenciado	Média maturidade	40 – 59 %
D	Integrado	Média-alta maturidade	60 – 79 %
E	**Otimizado**	**Alta maturidade**	**80 – 100 %**

Fonte: adaptado de Succar (2013).

Como mencionado, a empresa (fictícia) analisada obteve índice de maturidade de 88 %, correspondente ao nível de maturidade otimizado e alta maturidade. Um aspecto importante a destacar neste exemplo de matriz de maturidade é que foram utilizadas apenas duas escalas (micro e meso), faltando a escala macro. A escala macro não foi utilizada porque a sua análise depende do conhecimento da conjuntura de mercado, que é um aspecto externo à empresa/organização e, por essa razão, é mais bem analisada apenas na presença de um consultor, em razão do seu conhecimento dos aspectos variáveis que influenciam o mercado e impactam as empresas.

Observa-se, portanto, que a matriz de maturidade em BIM é uma ferramenta de fácil aplicação e que possui flexibilidade para se adequar à realidade de empresas e organizações de projeto com as mais variadas características e realidades quanto à utilização de BIM.

Exercício de aplicação

Exercício 5.1

Aplicação da matriz de maturidade em um escritório de projetos

Considere uma empresa de projetos, de qualquer disciplina de projeto, que esteja implantando e evoluindo no uso do BIM, e suas tecnologias, estrutura organizacional, práticas de processo de projeto e políticas para implementação do BIM.

Essa empresa pode ser aquela em que você trabalha, ou outra, que você conheça suficientemente.

Utilize a matriz de maturidade em BIM para identificar em qual nível de maturidade a empresa escolhida se encontra. Estabeleça a quantidade máxima de pontos, de acordo com o máximo sugerido na matriz, que cada nível de maturidade de cada área-chave terá, defina as competências e os aspectos relativos aos estágios do BIM que serão utilizados. Por fim, calcule a quantidade de pontos que a empresa de projetos atingiu, classifique a quantidade de pontos e identifique o nível de maturidade em BIM que ela alcançou.

Sugestão para exercícios em grupos:

Se esta avaliação for desenvolvida em grupo, cada participante deverá analisar uma empresa diferente, de modo que, ao final, seja possível apresentar os resultados de cada uma e discutir o porquê das diferenças observadas entre elas, quanto aos níveis de maturidade alcançados.

VIDEOAULA
Assista à videoaula deste capítulo.

Referências

BIM EXELLENCY INITIATIVE. 201in.PT Matriz de maturidade em BIM. Change agents AEC, Melbourne, Australia. Tradução de Leonardo Manzione. Disponível em: http://bimexcellence.org/resources/200series/201in/. Acesso em: 16 abr. 2021.

MANZIONE, L. *Proposição de uma estrutura conceitual de gestão do processo de projeto colaborativo com o uso do BIM*. 2013. Tese (Doutorado em Engenharia de Construção Civil e Urbana) – Escola Politécnica, Universidade de São Paulo, São Paulo, 2013.

RODRIGUES, A. R. *Grau de Maturidade em BIM*: estudos de caso em empresas projetistas de arquitetura na cidade de São Paulo. 2018. Monografia (Especialização em Gestão de Projetos na Construção) – Escola Politécnica, Universidade de São Paulo, São Paulo, 2018.

SUCCAR, B. Building information modelling maturity matrix. *In*: Research on Building Information Modelling and Construction Informatics: Concepts and Technologies p. 65-103. Austrália: IGI Publishing, nov. 2010, 2009.

SUCCAR, B. *Episode 18 – comparing the BIM maturity of countries*. 15 de agosto de 2013. Disponível em: http://www.bimthinkspace.com/2013/08/comparing-the-bimmaturity-of-countries.html. Acesso em: 16 abr. 2021.

SUCCAR, B. *Building information modelling*: organisational implementation & macro adoption. Disponível em: https://www.slideshare.net/GiacomoBergonzoni/introducing-to-bim-and-its-benefits-across-disciplines-bilal-succar-at-oice-international-forum-on-bim. Acesso em: 16 abr. 2021.

CAPÍTULO 6

Introdução à Norma ISO 19650 – Gestão da informação utilizando a modelagem da informação da construção (BIM)

A ISO 19650 é uma norma internacional que orienta como estruturar os processos colaborativos para a gestão da informação com o uso do BIM e destina-se a organizações envolvidas em aquisição, projeto, fabricação, construção, operação, manutenção e reciclagem dos ativos construídos.

Neste capítulo, será possível entender a relação entre o BIM e a ISO 19650, conhecer a parte 2 da norma (gestão das informações na fase de entrega de ativos) e compreender os diversos conceitos necessários para interpretar e utilizar a norma.

6.1 Visão geral, histórico e importância

O objetivo central da ISO 19650 é fornecer orientação clara para a gestão da informação ao longo do ciclo de vida de um ativo com o uso da modelagem da informação da construção (BIM), especificando terminologias, conceitos e métodos consistentes.

Ela é importante para todas as pessoas e organizações envolvidas durante o ciclo de vida de um ativo, pois todos esses agentes requerem ou produzem informações.

111

112 Capítulo 6

Baseada no conjunto de normas BS 1192 e PAS 1192-2:2013 do Reino Unido, a série ISO 19650 passou por um rigoroso processo de revisão e adaptação dentro do comitê da ISO TC59/SC13, para ser o mais flexível e útil possível na escala internacional.

A norma é composta de cinco partes:

Parte 1: conceitos e princípios – estabelece os conceitos e os princípios recomendados para os processos de desenvolvimento e gestão de informações durante todo o ciclo de vida de qualquer ativo construído.

Parte 2: fase de entrega dos ativos – define os processos de desenvolvimento e gestão da informação durante a fase de desenvolvimento no qual o ativo é projetado, construído e comissionado.

Parte 3: fase operacional dos ativos – define os processos de uso e gestão da informação durante a fase de operação.

Parte 4: troca de informações – ainda em desenvolvimento.

Parte 5: abordagem de segurança na gestão da informação – estabelece os requisitos de segurança da informação.

No Brasil, as partes 1 e 2 estão sendo traduzidas sob o domínio da comissão CEE-134 da ABNT, responsável pelo desenvolvimento das normas para o BIM, e devem ser publicadas em 2021. Em língua portuguesa, a norma denomina-se "organização e digitalização da informação acerca de edificações e construção civil, incluindo a modelagem da informação da construção (BIM) – gestão da informação utilizando a modelagem da informação da construção".

A ISO 19650 é uma norma genérica e conceitual, que se propõe a constituir uma linha guia estruturante dos processos em BIM. Não é uma norma operacional e exige abstração e visão sistêmica do leitor.

O detalhamento dos seus processos dependerá de cada organização e dos usos pensados para a modelagem da informação da construção (BIM). Seguir os preceitos gerais dos processos estabelecidos pela norma permite guiar os processos de gestão da informação com o uso de BIM.

Vamos inicialmente entender o grande contexto. A Figura 6.1 mostra a gestão da organização (normatizada pela ISO 9001), dentro dela a gestão do empreendimento (normatizada pelas ISO 21500 e 55000) e dentro dele a gestão da informação do empreendimento, normatizada pela ISO 19650.

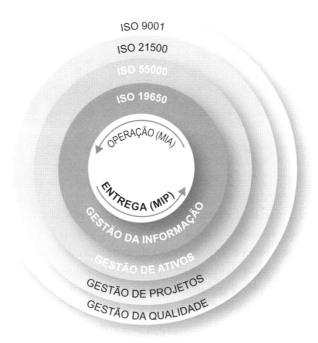

Figura 6.1 Ciclo de vida genérico da gestão de informações de projeto e do ativo.

Para o empreendimento, tem-se ainda a fase de entrega e a fase de operações.

A ISO 19650 parte 2 abrange a fase de produção e entrega da informação, ou seja, a fase em que são desenvolvidos os projetos e executadas as obras, como ilustra a Figura 6.1.

Neste capítulo, nosso objetivo será compreender a parte 2 da norma.

6.1.1 Parte 2: fase de entrega dos ativos

Essa parte da ISO 19650 orienta como gerir as informações durante as fases de projeto e construção. A norma denomina essas fases como "produção e entrega dos ativos".

A parte 2 contempla o macroprocesso de produção e entrega, que é composto por três fases (licitação, planejamento e produção) e oito etapas, ilustradas pela Figura 6.2.

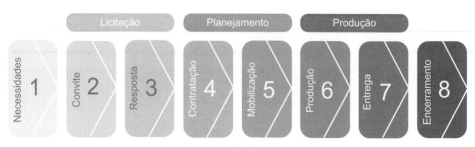

Figura 6.2 Macroprocesso da gestão da informação durante a fase de entrega dos ativos.

6.2 Que significa gestão da informação?

A gestão da informação é um processo de gestão acordado, que contém uma série de atividades inter-relacionadas, que serão planejadas, medidas, monitoradas e otimizadas para garantir que as informações sejam gerenciadas de maneira mais eficaz e eficiente possível.

Ela objetiva o fornecimento de um ativo virtual, que atenda às necessidades do cliente e que seja entregue no prazo e dentro do orçamento previsto e requer uma abordagem lógica e reprodutível, o que permite que indivíduos e equipes possam adotá-la.

6.3 Que significam ativos e modelos de informação?

Tudo o que pode ser construído pode ser chamado de ativo físico. Um ativo físico pode ser um edifício, um complexo de edifícios ou partes dele, como um sistema elétrico ou até uma tomada. Pode ser uma ferrovia, uma rodovia ou uma viga de uma ponte.

Todos os ativos físicos podem ser geminados com um ativo virtual correspondente, que será denominado seu gêmeo digital.

Existem três componentes-chave que permitem coordenar e estruturar as informações de um ativo virtual, respectivamente: uma representação gráfica na forma de um ou mais modelos gráficos, uma representação não gráfica na forma de dados do ativo, com propriedades físicas, desempenho, entre outros, e um registro auditável sob a forma de documentação (Fig. 6.3).

O modelo virtual de informação desenvolvido na fase de projeto é denominado modelo de informação do projeto (MIP), que é constituído pelo modelo federado BIM.

Figura 6.3 Componentes-chave de um ativo virtual.

O modelo virtual de informação desenvolvido durante a execução da obra (construção do ativo físico) é denominado modelo de informação do ativo (MIA), que é composto pelo modelo federado BIM, o qual é obtido a partir do processo de *as built*.

6.4 Que são os requisitos de informação?

Os requisitos de informação especificam o porquê, para quem, quando e como as informações precisam ser produzidas e trocadas ao longo do ciclo de vida de um projeto.

Eles precisam ser estruturados de maneira a permitir a entrega das informações e a verificação automatizada dos entregáveis.

Os requisitos de informação são classificados nos seguintes tipos:

1. requisitos de informação da organização;
2. requisitos de informação dos ativos;
3. requisitos de informação do projeto;
4. requisitos de troca da informação.

Juntos, os requisitos 1, 2 e 3 compõem os requisitos de troca da informação, que constituem o escopo da informação dos contratos, o propósito, o formato e o nível de informação necessário exigidos pelo contratante.

116 Capítulo **6**

Se não soubermos adequadamente definir quais são os requisitos de informação, os processos decorrentes deles como a concorrência, a contratação do projeto, o desenvolvimento, entrega e validação dos modelos ficarão prejudicados.

6.4.1 Requisitos de informação da organização

Eles são o ponto de partida para todas as atividades de gestão da informação. Detalham as informações de alto nível exigidas por uma organização em toda sua carteira de ativos e em seus diferentes departamentos (tais como recursos humanos, tecnologia da informação, finanças, gestão de *facilidades* e operações ou produção). Os requisitos de informação de todos os ativos e departamentos devem ser organizados e reunidos para ajudar a racionalizar o conjunto das atividades.

Os requisitos de informação da organização permitem a compreensão das informações de alto nível necessárias sobre os ativos ao longo de seu ciclo de vida. Isso ajuda o contratante a administrar seus negócios de maneira informada e eficaz e compreender as necessidades de informação de seus clientes e das partes interessadas.

Podemos citar alguns exemplos desses requisitos, como:

- gestão ambiental;
- investimento de capital e custo do ciclo de vida;
- avaliação e gestão de riscos;
- manutenção e reparos;
- operações patrimoniais;
- utilização do espaço;
- modificações em ativos existentes.

Definidos esses requisitos, é possível desdobrá-los em uma matriz de necessidades de informação que traduza tais necessidades até o nível de requisitos do programa de necessidades da edificação.

Uma vez definidos os requisitos de informação da organização, será possível, então, estabelecer o panorama para os dois requisitos seguintes: requisitos de informação do ativo e requisitos de informação do projeto.

6.4.1.1 Requisitos de informação do ativo

São as informações necessárias para as atividades de gestão do ativo construído.

Podemos citar alguns exemplos desses requisitos, como:

- informações técnicas necessárias para a gestão de *facilidades*;
- informações jurídicas: propriedade, instruções de trabalho, informações contratuais, avaliações de risco;
- informações comerciais: descrição, fornecedores, desempenho;
- informações financeiras: custos previstos de construção, custos operacionais, custos de manutenção e retorno do investimento;
- informações operacionais: tipo de ativo, gestão de espaço, garantias, planejamento de acesso, manutenção e inspeção, normas, processos e procedimentos, planos de emergência.

6.4.1.2 Requisitos de informação do projeto

Os requisitos de informação do projeto são derivados dos requisitos de informação da organização. Eles permitem a compreensão das informações de alto nível que o contratante necessita durante o projeto e a construção.

Podemos citar alguns exemplos desses requisitos, como:

- requisitos de informação da organização relevantes, tais como indicadores-chave de desempenho;
- aspectos comerciais do projeto, por exemplo, a relação custo-benefício e a viabilidade econômica;
- resumo estratégico, por exemplo, programa estratégico para estabelecer a data de abertura de uma escola ou um hospital;
- participantes do projeto que exigem informações, por exemplo, a comunidade local;
- tarefas do projeto que o próprio contratante precisa realizar, por exemplo, completar uma aprovação de projeto na prefeitura.

Com os requisitos de informação do projeto estabelecidos, as informações a serem entregues serão definidas com mais precisão nos requisitos de troca da informação.

6.4.1.3 Requisitos de troca da informação

Os requisitos de troca da informação fazem parte do escopo contratual e existem para assegurar que as informações corretas sejam entregues ao contratante ou aos contratados, permitindo realizar atividades específicas e necessárias durante o projeto e a fase operacional.

Eles delineiam um mapa do processo de requisitos de informação que identifica as decisões-chave que deverão ser tomadas durante o projeto para garantir que a solução desenvolvida atenda às necessidades do contratante.

A configuração dos requisitos de troca da informação dependerá da complexidade do projeto e da experiência e das exigências do contratante. Eles podem ser bastante extensos. Podemos citar alguns exemplos, como:

- programa de necessidades do edifício;
- métodos e procedimentos que definem como as informações serão criadas, nomeadas e trocadas;
- funções e responsabilidades relacionadas à informação que forneça uma definição clara dos papéis relacionados à informação e o que se espera deles;
- requisitos de treinamento dos agentes envolvidos;
- nível da informação necessário;
- definição do sistema de coordenadas e georreferenciamento;
- convenções de nomenclatura;
- procedimentos para a coordenação e detecção de conflitos (*clashes*) entre os projetos;
- requisitos de segurança e integridade do projeto;
- restrições estabelecidas pelo contratante sobre formatos e nomenclatura dos arquivos;
- outros elementos específicos, tais como levantamento da situação existente e sondagens.

A Figura 6.4 mostra o fluxo entre os diversos requisitos e sua relação com os entregáveis do processo.

6.5 Gestão das informações durante a fase de entrega do ativo

O macroprocesso da ISO 19650 parte 2 é organizado conforme as seguintes atividades:

- de 1 a 3 representam desde a fase de levantamento das necessidades do cliente até a licitação dos projetos;
- as fases 4 e 5 retratam a contratação e a mobilização das equipes para o desenvolvimento dos projetos;
- as fases 6 e 7 descrevem as atividades de gestão da informação que ocorrem durante os processos de projeto e de execução das obras.

A seguir, detalharemos resumidamente os objetivos das etapas do macroprocesso da Figura 6.2.

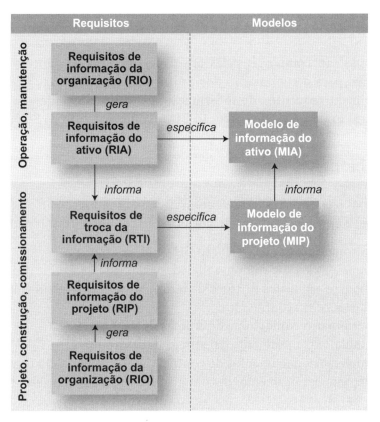

Figura 6.4 Hierarquia dos requisitos de informação.

6.5.1 Etapa 1: determinação das necessidades

Essa etapa trata do conteúdo mínimo necessário de informação a ser produzido pelo cliente para que seja possível iniciar o processo de projeto.

Um dos princípios-chave da norma é definir claramente os requisitos de informação logo no início do projeto.

Com essas definições, os clientes podem ter uma linha de referência para a avaliação dos serviços adquiridos e as equipes de projeto podem contar com a definição de escopos claros para a produção e a entrega das informações.

Isso garante a transparência e a segurança das quais os agentes envolvidos precisam para coordenar seus esforços produtivamente, com o mínimo de conflitos e retrabalho, e evitar desperdício de tempo e custos.

6.5.2 Etapas 2 e 3: convite e resposta à licitação

Estas etapas são compostas pelas atividades relativas ao processo técnico e comercial para a contratação dos projetos. O conteúdo das informações é denominado **requisitos de informação**, e os procedimentos de trabalho devem constar do **plano de execução BIM** (conforme visto na Seção 3.3).

6.5.3 Etapas 4 e 5

Essas etapas referem-se às fases de contratação e mobilização do projeto. Nessas etapas, o contratado líder, em colaboração com os subcontratados, deve:

- confirmar o plano de execução BIM;
- definir a matriz de responsabilidades detalhada da equipe de entrega;
- definir os requisitos de troca da informação a ser seguido pelo contratado e seus subcontratados;
- determinar o cronograma de entrega de tarefas;
- formular o planejamento de entrega da informação;
- completar os documentos de contratação fornecidos pelo contratado;
- completar os documentos de contratação fornecidos pelos subcontratados.

O BIM de acordo com a ISO 19650

O BIM é uma tecnologia que permite a representação digital de um ativo construído para facilitar os processos de projeto, construção e operação e fornecer uma base confiável para a tomada de decisões.

A aplicação adequada da série ISO 19650 resulta em:

- definição clara das informações necessárias e dos métodos, processos, prazos e protocolos para desenvolvimento e verificação da informação;
- quantidade, granularidade e qualidade das informações desenvolvidas suficientes para satisfazer às necessidades definidas pelo cliente;
- transferências de informação eficientes e eficazes entre os diferentes agentes que participam de cada parte do ciclo de vida do ativo.

A Figura 6.5 ilustra a especificação genérica e o planejamento para a entrega da informação conforme a ISO 19650-1.

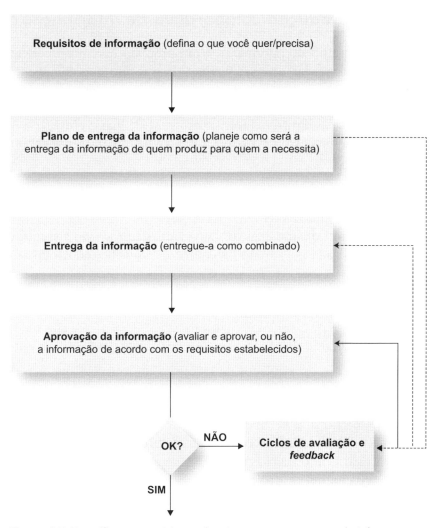

Figura 6.5 Especificação genérica e planejamento para entrega de informação.

6.5.4 Etapas 6, 7 e 8: produção, entrega da informação e encerramento do projeto

A gestão da informação aplicada nas etapas 6 e 7 dirige a produção e a entrega dos modelos BIM.

Para se produzirem adequadamente os modelos BIM, é fundamental entender e aplicar as diretrizes da gestão da informação e da produção colaborativa de informação, que serão explicadas a seguir.

6.6 Que é produção colaborativa de informação?

Produção colaborativa de informação é um processo que integra atividades que são executadas pelas diversas equipes de trabalho que compõem uma equipe de projeto. A Figura 6.6 sintetiza esse processo e os agentes envolvidos.

Conforme a Figura 6.6, as atividades de produção e entrega da informação podem ser agrupadas em três etapas: criar, compartilhar e entregar a informação. Todo esse processo deve ocorrer dentro de um ambiente comum de dados (CDE).

6.6.1 Criar a informação

A etapa de criação é dividida nas três atividades de produção a seguir. Cada uma delas é realizada no âmbito da equipe de trabalho, adotando-se uma abordagem colaborativa.

6.6.1.1 Verificar a informação

Para começar a gerar informações, a equipe de projeto deve verificar antes se:

- sabe quais são os requisitos de troca das informações que devem ser cumpridos e quais são os critérios de aceitação para cada um deles;
- conhece o padrão das informações do projeto e tem acesso aos recursos compartilhados pertinentes;
- conhece os métodos e procedimentos de produção que deve utilizar;
- tem acesso às informações de referência relevantes dentro do ambiente de dados comum do projeto.

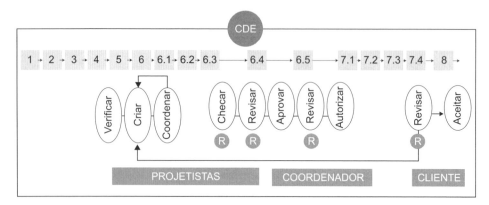

Figura 6.6 Produção colaborativa da informação.

Introdução à Norma ISO 19650 – Gestão da informação utilizando a modelagem... **123**

Caso algum desses itens não possa ser atendido, a coordenação do projeto deve ser informada para avaliar o impacto que isso tem sobre o plano de entrega de informações.

6.6.1.2 *Gerar a informação*

Uma vez que tudo tenha sido verificado, a equipe de trabalho está pronta para proceder com a geração de suas informações de acordo com seu respectivo plano de entrega de informações.

Ao fazer isso, deve-se assegurar de que as informações sejam geradas:

- de acordo com o padrão de informação do projeto; e
- de acordo com os métodos e procedimentos de produção de informações.

As equipes de trabalho também devem garantir que as informações:

- não excedam o nível exigido de informação;
- não se estendam para além dos limites da estrutura de quebra do pacote de informação estruturada;
- não dupliquem as informações geradas por outras equipes de tarefas; e
- não contenham detalhes supérfluos.

6.6.1.3 *Coordenar as informações*

Durante a geração de informações, as equipes de trabalho devem coordenar continuamente suas informações contra as informações de referência e qualquer outra informação que tenha sido compartilhada dentro do ambiente comum de dados por outras equipes de trabalho.

Existem dois tipos de coordenação. O primeiro é a coordenação espacial. Esse método é usado para coordenar os três elementos do modelo de informação, incluindo informações gráficas, informações não gráficas e documentação.

A coordenação não espacial, o segundo tipo, requer que as equipes de tarefas coordenem e cruzem suas informações com outras informações, compartilhadas por outras equipes de trabalho e identificadas como adequadas pela coordenação, tais como cronogramas de desenhos, especificações e relatórios etc.

Criação de informações sobre os ativos existentes

Prevê-se que cerca de 90 % dos ativos que estarão em uso operacional no ano de 2050 já existam. A maior parte das informações relativas aos ativos existentes normalmente está em um formato não estruturado, tais como documentos e desenhos. As informações sobre ativos que foram construídos há muitos anos também provavelmente estarão em um formato físico, e vários desses documentos podem até ter sido escritos ou desenhados à mão.

O valor desse tipo de informação é limitado e pode apresentar riscos adicionais se for impreciso ou não tiver sido mantido efetivamente durante toda a vida útil do ativo. Como tal, muitas vezes é mais seguro recapturar as informações necessárias, em vez de verificar e reestruturar as informações existentes.

A mesma abordagem colaborativa para a produção de informações também pode ser adotada ao levantar informações sobre os ativos existentes. Seja no início de um novo projeto ou, simplesmente, para capturar informações atualizadas em formato digital, os mesmos princípios devem ser seguidos.

Com os últimos desenvolvimentos na tecnologia de geoprocessamento, tais como varredura a *laser*, fotogrametria, varredura por sonar e radar de penetração no solo, por exemplo, a capacidade de capturar informações precisas sobre os ativos existentes aumentou de velocidade e sofreu redução de custos.

Essas tecnologias também podem ser embarcadas em uma variedade de plataformas móveis, como carros, trens, *drones*, aviões e satélites, reduzindo a necessidade de colocar as pessoas em risco ao trabalharem no local.

6.6.2 Compartilhar as informações

A etapa de compartilhamento é dividida nas três atividades de produção a seguir.

6.6.2.1 *Checar as informações*

Uma vez que as informações estejam prontas para serem compartilhadas, a equipe de trabalho deve realizar uma verificação de garantia de qualidade, de acordo com os métodos e os procedimentos de produção acordados.

Ao fazer isso, a equipe de trabalho deve verificar as informações de acordo com o padrão de informações do projeto.

6.6.2.2 *Analisar as informações*

Se a verificação da garantia de qualidade for bem-sucedida, então a equipe de trabalho deverá realizar uma **análise crítica** das informações, de acordo com os métodos e procedimentos de produção acordados.

Ao fazer isso, a equipe de trabalho deve considerar:

- os requisitos de informação do contratante;
- o nível de informação necessário;
- as informações necessárias para a integração com outras equipes de trabalho.

6.6.2.3 *Aprovar as informações*

Se a análise crítica for bem-sucedida, a equipe de tarefas aprovará as informações a serem compartilhadas, identificando o uso que está liberado para outras equipes de trabalho, como, por exemplo, liberadas para coordenação, liberadas para orçamento etc.

Entretanto, se a análise crítica indicar problemas, ou seja, se houver um problema técnico, como uma questão de coordenação, a equipe de trabalho deverá:

- registrar o porquê de a análise crítica não ter sido bem-sucedida e quais foram as questões encontradas;
- registrar quaisquer correções necessárias;
- rejeitar totalmente o pacote de informações. A aceitação parcial pode levar a problemas de coordenação. Dessa forma, a equipe de trabalho deve aceitar ou rejeitar o modelo de informação na sua totalidade.

6.6.3 Entrega de informações

A etapa de entrega é dividida nas quatro atividades de produção a seguir, sendo as duas primeiras empreendidas pelo contratante e as outras duas pelos contratados.

6.6.3.1 *Verificação pela equipe de projeto*

Antes da entrega do modelo de informação ao contratante, cada equipe de trabalho deve submeter suas informações ao líder do projeto para autorização dentro do ambiente comum de dados.

O líder da equipe de trabalho deve realizar uma verificação das informações de acordo com os métodos e procedimentos de produção acordados.

Ao fazer isso, o líder deve considerar:

- a lista de entregáveis constantes no plano de entrega da informação;
- os requisitos de informação do contratante;
- os requisitos de informação do contratado;
- os critérios de aceitação para cada requisito de informação;
- o nível de informação necessário para atender satisfatoriamente a cada requisito de informação.

6.6.3.2 Autorização

Se a verificação for bem-sucedida, o líder do projeto deve autorizar que a equipe de tarefa compartilhe suas informações para aceitação pelo contratante no ambiente comum de dados do projeto.

Entretanto, se a verificação apontar problemas, o líder do projeto deve rejeitar totalmente o modelo de informação e instruir as equipes de tarefa a corrigir ou completar as informações e apresentá-las novamente. É importante observar que a aceitação parcial do modelo de informação, ou seja, rejeitar apenas parte dele, pode levar a novas questões de coordenação.

6.6.3.3 Verificação pelo contratante

Ao compartilhar as informações para aceitação, o contratante deve fazer a verificação do modelo de informação, de acordo com os métodos e procedimentos de produção de informações do projeto.

O contratante deve considerar:

- a lista de entregáveis constante no plano de entrega da informação;
- os critérios de aceitação para cada requisito de informação;
- o nível de informação necessário para cada requisito de informação.

6.6.3.4 Validação

Se a validação do contratante for bem-sucedida, ele deve atestar o modelo de informação como uma entrega no ambiente comum de dados do projeto.

Entretanto, se a validação não for bem-sucedida, então o contratante deve rejeitar por completo o modelo de informação e solicitar ao líder do projeto as correções para uma nova reapresentação.

6.6.3.5 *Encerramento do projeto*

Após a aceitação do modelo de informação completo do projeto, o contratante deverá arquivar todos os pacotes de dados estruturados entregues no ambiente comum de dados.

O contratante deve considerar:

- quais pacotes de dados estruturados serão necessários para uso no modelo de informação do ativo;
- futuras necessidades de acesso às informações;
- futuro reúso das informações;
- políticas de armazenamento da informação a serem aplicadas.

Recomenda-se, como boa prática, que o contratante, em colaboração com o contratado, armazene as lições aprendidas durante o projeto em um repositório de conhecimento que permita sua utilização em futuros projetos.

Exercícios de aplicação

Exercício 6.1

Determinação das necessidades

Considerando que a determinação das necessidades é uma cláusula fundamental do ciclo de gestão da informação, que deve ser desenvolvida pelo cliente, e constatando que a falta dessa determinação precisa é um fato corriqueiro no mercado, proponha formas de auxiliar o cliente a entender a importância e definir todas as suas necessidades com antecedência e precisão.

Exercício 6.2

Requisitos de informação

Relacione e justifique alguns exemplos para cada um dos tipos de requisitos da informação.

Exercício 6.3

Validação do modelo BIM

Autorizar ou aprovar parte do modelo BIM, isto é, rejeitar somente uma parte dele é um procedimento normal existente no mercado. Por que a norma recomenda a aprovação ou rejeição total? Discuta e avalie essa proposição.

VIDEOAULA
Assista à videoaula deste capítulo.

Referências

INTERNATIONAL ORGANIZATION FOR STANDARDIZATION – ISO. ISO 19650-1:2018. *Organization and digitization of information about buildings and civil engineering works, including building information modelling (BIM) – Information management using building information modelling – Part 1*: Concepts and principles, 2018.

INTERNATIONAL ORGANIZATION FOR STANDARDIZATION – ISO. ISO 19650-1:2018. *Organization and digitization of information about buildings and civil engineering works, including building information modelling (BIM) – Information management using building information modelling – Part 2*: Delivery phase of the assets, 2018.

CAPÍTULO **7**

Inovação em gestão de projetos e BIM

Neste último capítulo, o foco central será a inovação envolvida na adoção da modelagem da informação da construção (BIM), assim como seus impactos, atuais e futuros, sobre o processo de projeto e sua gestão.

Será discutida a inovação como um processo e serão apresentados alguns princípios norteadores do seu sucesso.

Em relação à inovação em gestão de projetos e BIM, as tendências tecnológicas já em curso serão apresentadas e será discutido seu potencial de contribuição para a melhoria da gestão de projetos.

7.1 Que é e como se produz inovação?

Inovação é o processo pelo qual as ideias são transformadas em crescimento econômico – no qual as descobertas são traduzidas em novos produtos, serviços e empregos, criando mudanças positivas em negócios, serviços públicos, governo e sociedade em geral (HM Government, 2020). Na prática, portanto, novas ideias em si não constituem inovações. É necessária sua aplicação, na forma de novos produtos ou serviços.

Partindo-se desse conceito internacionalmente aceito, o que, no caso da construção civil, pode ser considerado como inovação, no contexto do processo de projeto e da sua gestão?

Uma inovação poderá ser considerada como tal se ela for aplicada e sua aplicação trouxer mudanças positivas para o processo de projeto e sua gestão.

129

O desafio atual para a construção civil, em todo o mundo, concentra-se na aplicação das tecnologias de informação e de comunicação e, de uma forma mais ampla, no engajamento de suas empresas e projetos diante da chamada revolução digital em curso no meio industrial.

Percebe-se, assim, a importância do processo de inovação envolvido na aplicação de novas tecnologias, como é o caso da modelagem da informação da construção (BIM), para que se atinjam resultados positivos. Não basta adotar determinado *software* novo ou utilizar determinado sistema mais avançado. Se o seu processo de inovação não for compreendido, corre-se o risco de não se chegar a mudanças positivas, ou, mesmo, de não se atingir o potencial de resultados que proporcionam as novas tecnologias.

Segundo Le Roy *et al.* (2013), empresas, gestores, autoridades públicas, pesquisadores sempre concentraram a maior parte de sua atenção na inovação tecnológica. Foi dada muito pouca atenção a outros aspectos da inovação, como a inovação organizacional.

Segundo esses mesmos autores, a inovação organizacional é a modelagem da inovação em uma empresa (ou em um projeto) para configurar novos sistemas, práticas, ferramentas e estruturas gerenciais. Tal modelagem permite estabelecer ambientes favoráveis à criatividade e à inovação.

A crítica estabelecida por esses especialistas em gestão franceses, colocada de forma ampla e genérica, aplica-se perfeitamente ao contexto dos projetos de construção civil.

Desse modo, pode-se afirmar que a faceta organizacional, geralmente pouco desenvolvida em processos de inovação, se adequadamente considerada, levará a um maior potencial de resultados no processo de inovação que envolve a modelagem da informação da construção (BIM).

7.1.1 Barreiras para a inovação

Como foi argumentado anteriormente, a faceta organizacional é de importância crucial para o processo de inovação. Isso significa, em outras palavras, que as tecnologias dependem de inovações organizacionais para atingirem seus resultados potenciais.

No entanto, o que é necessário para promover a inovação organizacional? Que tipos de barreiras podem ser encontrados e dificultar o alcance dos objetivos em um processo de inovação?

Alguns trabalhos trataram dessa questão com profundidade, como é o caso do artigo publicado por Dubouloz (2013), no qual a autora classifica em três categorias as barreiras para a inovação organizacional na construção civil:

- barreiras internas à organização;[1]
- barreiras externas à organização;
- barreiras ligadas aos próprios atributos da inovação.

O diagrama da Figura 7.1 mostra essas três categorias e exemplifica alguns de seus elementos, na visão da autora.

Os resultados da pesquisa realizada por Dubouloz destacam que as barreiras à inovação que decorrem de seus atributos, como o custo, e a falta de recursos humanos e de competências necessárias (barreiras internas) são as mais frequentes, com maior nível de importância para o custo das inovações.

No caso da modelagem da informação da construção, em especial, o custo da adequada implementação de tecnologias para modelagem, simulação, análise crítica e verificação de projetos, por exemplo, é claramente uma barreira, principalmente, no contexto de micro e pequenas empresas projetistas ou construtoras.

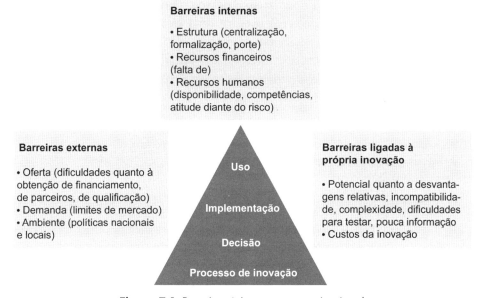

Figura 7.1 Barreiras à inovação organizacional.
Fonte: adaptada de Dubouloz (2013).

---

[1] Organização é um termo genérico que pode representar tanto a estrutura de uma empresa, quanto a de um projeto de construção, conforme seja definido o contexto da inovação.

Quanto aos fatores relacionados com as competências, dada a cultura conservadora vigente no meio da construção e a falta de educação continuada como requisito essencial ao exercício das profissões, pode-se perceber, igualmente, a sua relevância.

Dentre outras barreiras dignas de nota, podem ser citadas:

- centralização da estrutura de gestão (barreira interna);
- dificuldade de obtenção de financiamento à inovação (barreira externa);
- complexidade (barreira ligada aos atributos da inovação).

7.1.2 Tecnologia, processos, pessoas e gestão: os quadrantes da inovação

Trabalhos realizados em diversos países apresentaram resultados semelhantes quanto à discussão das dificuldades para se inovar em projetos de construção civil, assim como quanto aos elementos envolvidos nas inovações bem-sucedidas.

Os resultados de uma pesquisa envolvendo 203 empresas holandesas nas áreas de construção, engenharia, tecnologia da informação e indústrias relacionadas, conduzida por Blindenbach-Driessen e Eden (2010), mostram que as empresas baseadas em projetos usaram uma estratégia menos inovadora do que as empresas não baseadas em projetos.

Barret e Sexton (2005) apresentaram os resultados de um projeto de 18 meses focado na análise das atividades de inovação em sete pequenas empresas de construção, mostrando que a inovação é alcançada por meio da consideração cuidadosa e integrada de:

- estratégia de negócios/posicionamento de mercado;
- organização do trabalho;
- tecnologia;
- pessoas.

De forma bastante similar, Akunyumu *et al.* (2020) apresentaram uma revisão dos métodos destinados à avaliação da maturidade (ou prontidão) das organizações para inovar, propondo uma estrutura de avaliação de maturidade para orientar as empresas do setor da construção civil que buscam a inovação. Esses autores identificaram claramente que os quatro domínios a serem considerados são:

- pessoas;
- tecnologia;

- processos;
- ambiente organizacional (ou gestão).

Para a inovação organizacional em projetos de construção, a gestão deve planejar os novos processos a serem estabelecidos, considerando os papéis e as motivações das partes interessadas e selecionando as tecnologias mais adequadas para as várias aplicações previstas.

A Figura 7.2 apresenta a interpretação dos autores deste livro para a síntese da configuração dos quadrantes a serem considerados em processos de inovação em projetos de construção civil.

Como ilustra a Figura 7.2, as pessoas são essenciais ao sucesso de qualquer inovação em projetos. São elas que as conduzem, com elas se engajam e "dão vida" às inovações. Quando essa relação não se estabelece com a intensidade e o ritmo necessários, a inovação corre riscos.

Quanto aos processos, eles devem ser revistos para tirar o máximo proveito do potencial de ganhos associados à inovação. Alguns especialistas associam a situação em que as inovações ocorrem em projetos à célebre imagem da "troca da roda com o carro em movimento", uma vez que os projetos não podem parar, esperando até que seja concluída a implantação das inovações.

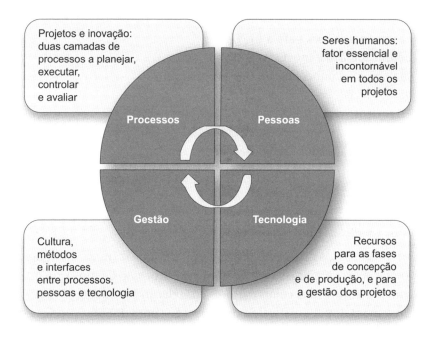

Figura 7.2 Quadrantes da inovação em projetos.

Os projetos devem conviver e adaptar-se às mudanças trazidas pelo processo de inovação, embora o processo ainda não esteja totalmente concluído e consolidado, com a diferença de que, no caso do BIM, o que se está trocando não seria equivalente a uma roda, mas, sim, ao próprio motor do veículo.

A tecnologia é fundamental para a inovação, mas sua seleção deve ser entendida como a escolha de recursos que serão associados aos novos processos e às pessoas que deles participam, que devem ter competências e capacitação adequadas à sua aplicação. Pessoas, processos e tecnologias fazem parte da equação de equilíbrio da inovação. Em caso de desequilíbrios entre esses três quadrantes, tecnologias não se constituirão em inovações válidas.

Por último, caberá à gestão a missão de transformar o contexto cultural e metodológico que envolve a inovação, assim como a busca de soluções para os três quadrantes e suas interfaces.

7.1.3 Processo de inovação

A inovação, em si mesma, deve ser entendida como um processo e, portanto, proposta, planejada, executada e monitorada como tal. O Ministério da Economia do Canadá propõe sete etapas, de cunho genérico, para a condução de um processo de inovação (Economie, 2021):

A. criar as condições para a inovação;
B. definir metas de inovação;
C. melhorar o conhecimento dos problemas;
D. gerar ideias;
E. estabelecer o portfólio de inovações;
F. desenvolver as inovações selecionadas;
G. implementar as inovações desenvolvidas.

Na sequência, será explicada cada uma das sete etapas e a sua relevância para o sucesso dos processos de inovação.

A. Criar as condições para a inovação

A maioria das pessoas não está preparada para inovar, mas, sim, para replicar algo que já existe, por isso é a liderança do processo de inovação quem vai condicionar a atitude dos colaboradores em relação às mudanças necessárias.

É fundamental, para o sucesso da inovação, implementar práticas gerenciais que promovam o aprendizado de novas habilidades intelectuais, a iniciativa, o trabalho em equipe, a participação e a colaboração.

O tempo necessário para a realização desta etapa é muito variável e deve ser estabelecido a partir de um diagnóstico inicial da maturidade da organização quanto à modelagem da informação da construção (BIM).

B. Definir metas de inovação

Antes de se iniciar o processo de inovação, é essencial que se faça uma definição precisa dos resultados a serem alcançados.

A inovação não é válida apenas pelo fato de trazer algo novo. Ela deve representar uma vantagem competitiva real. Para fazer da inovação uma vantagem competitiva, será necessário adotar um processo de planejamento estratégico, associado a atividades de vigília tecnológica e comercial, para posicionamento no mercado de atuação pretendido.

Portanto, a adoção da modelagem da informação da construção deve ser orientada aos resultados parciais e finais desejados, dispostos em uma escala de tempo, constituindo-se assim em metas para o processo de inovação.

C. Melhorar o conhecimento dos problemas

Os resultados ruins de processos de inovação, muitas vezes, decorrem da precipitação na escolha das soluções adotadas, ou, até, pelo fato de não se conhecerem a fundo os problemas que serão solucionados pelas referidas soluções.

Deve-se evitar a busca da solução certa para o problema errado, ou vice-versa, conhecendo melhor os reais problemas, situação comum quando se adotam "fórmulas prontas" propostas por fornecedores ou consultores.

Nesse sentido, engajar as pessoas-chave, ou seja, aqueles que estão envolvidos diretamente com o processo de projeto e sua gestão, aqueles que o conhecem bem e que irão implementar a solução (gerentes, membros da equipe, clientes internos, clientes externos, fornecedores etc.) pode ser uma forma de assegurar melhores resultados.

D. Gerar ideias

Uma vez que os problemas tenham sido estudados e bem delineados, para se ter uma ampla gama de caminhos e soluções na perspectiva da inovação, é necessária a participação de pessoas com diferentes perfis (equipes multidisciplinares) aliada ao uso de técnicas de criatividade. Grupos focais, uso de *brainstorming* e de outras técnicas de análise e síntese em grupo podem ser úteis para a geração de ideias e seleção das melhores entre elas.

Depois de se analisarem todas as possibilidades de solução para os problemas, será possível implementar soluções de desempenho adequado, diante das metas estabelecidas.

136 Capítulo **7**

E. Estabelecer o portfólio de inovações

Como resultado direto da etapa anterior, pode-se estabelecer um conjunto de soluções que vai compor o portfólio de inovações para os problemas delineados anteriormente.

É importante entender que não existe um portfólio único, ou ideal, para a adoção da modelagem da informação da construção (BIM). Na realidade, cada organização ou projeto demandará um portfólio específico, adaptado às suas características e ao seu planejamento estratégico.

F. Desenvolver as inovações selecionadas

Em um processo de inovação, passar muito rápido da ideia selecionada ao seu uso e aplicação é um erro grave, pois, da mesma forma que no processo de projeto, as alterações feitas no início do processo custam menos do que as feitas ao final.

A fim de se reduzirem custos desnecessários e incertezas, bem como evitar retrocessos, é importante segmentar o desenvolvimento de inovações em fases e entregas parciais. Isso permitirá analisar os resultados obtidos até então e reavaliar eventuais ajustes necessários para as próximas fases e entregas.

G. Implementar as inovações desenvolvidas

É nesta etapa que os resultados dos esforços despendidos para a inovação serão colhidos. Ainda que se possa ter realizado uma aplicação inicial em um projeto-piloto, por exemplo, a perpetuação e integração da inovação a todos os projetos, atuais e futuros, exigirá um esforço específico.

Dessa forma, esta etapa visa garantir que a inovação seja perfeitamente aceita e adotada por clientes, parceiros, colaboradores, fornecedores etc.

Esta etapa incluirá, essencialmente, planejamento, gestão e comunicação das mudanças, gestão e monitoramento dos novos processos, desenvolvimento de competências para as novas configurações adotadas para o processo de projeto e sua gestão.

7.2 Inovação e tendências tecnológicas para o processo de projeto e sua gestão

7.2.1 As quatro revoluções industriais

Ao longo da sua evolução, a atividade industrial passou por revoluções importantes, até chegar à configuração atual.

A primeira revolução industrial, que permitiu que suas atividades aumentassem significativamente em volume e importância econômica, ocorreu com a introdução da máquina a vapor.

Foi a mecanização dos processos industriais, ocorrida no Reino Unido e na França do final do século XVIII, que permitiu à indústria atrair investimentos, antes destinados quase exclusivamente às atividades agrárias e de extrativismo.

Seu impacto foi imenso, transformando a sociedade em vários aspectos, modificando trabalho, educação e valores sociais e conduzindo ao maior desenvolvimento das aglomerações urbanas.

Uma segunda revolução industrial só aconteceria entre 1890 e 1910 na Alemanha e na costa leste dos Estados Unidos. A extração do petróleo e a invenção da eletricidade, associadas à organização científica do trabalho (taylorismo) para viabilizar o conceito de produção em série em linhas de montagem, aumentaram a produtividade dos trabalhadores não qualificados vindos do êxodo rural ou imigrantes.

A assim chamada terceira revolução industrial surgiu entre 1970 e 2000, na costa oeste dos Estados Unidos e no Japão, com o início do desenvolvimento das tecnologias de informação e comunicação. Essa terceira revolução foi impulsionada pela invenção dos microprocessadores, que ampliaram as aplicações da computação para o projeto e a produção industrial.

Finalmente, a quarta revolução industrial corresponde a uma nova forma de organizar os meios de produção, resultante das inovações ligadas à internet das coisas e às novas tecnologias digitais, como a inteligência artificial, a realidade aumentada, a customização em massa, entre outras. A quarta revolução industrial é também conhecida como "Indústria 4.0".

A Figura 7.3 representa de forma esquemática os principais elementos que caracterizam as quatro revoluções industriais.

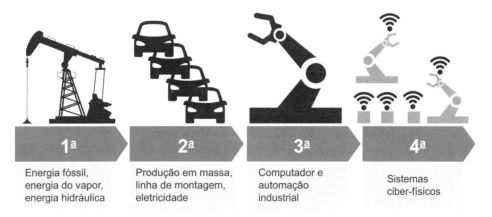

Figura 7.3 As quatro revoluções industriais.

De acordo com Sacks *et al.* (2020), a "Construção 4.0", expressão adotada por analogia à denominação dada à quarta revolução industrial, é uma estrutura conceitual que pressupõe ampla aplicação de BIM para os processos de projeto e de execução de obras de construção, associada à produção industrial de peças e módulos pré-fabricados, ao uso de sistemas automatizados de produção, ao monitoramento digital da execução das obras e de toda a cadeia de suprimentos, além de aplicações que se utilizam da computação em nuvem, da inteligência artificial, de *big data*, de *blockchain* e outros recursos de mineração de dados.

No entanto, é evidente que as possibilidades da Construção 4.0 são insuficientes no que diz respeito à concretização das ideias equivalentes, na indústria seriada, de automatização e processos autônomos de produção, que estão no cerne da conceituação da Indústria 4.0.

A produção na construção ainda está longe de atingir a automação mesmo parcial das operações, que, como foco da Indústria 3.0, é um pré-requisito para a Indústria 4.0. Hoje, Construção 4.0" deve ser considerado muito mais como um conceito inspirador, e não como um paradigma de referência para implementação imediata.

7.2.2 Principais inovações associadas à modelagem da informação da construção (BIM)

Nesta seção, serão apresentadas algumas tendências tecnológicas que permitem inovações associadas ao uso da modelagem da informação da construção (BIM) no processo de projeto e sua gestão.

As pesquisas sobre as aplicações de inteligência artificial no setor da construção civil, presentes desde o final dos anos 1990, têm se multiplicado em todo o mundo, apresentando crescimento exponencial a partir de 2010.

Inteligência artificial (IA) pode ser definida como a capacidade de um sistema de interpretar corretamente dados externos, de aprender com esses dados e de usar esses aprendizados para atingir objetivos e realizar tarefas específicas, adaptando-se continuamente às demandas. Foram aplicações de IA que permitiram, por exemplo, que redes sociais reconheçam rostos em imagens para sugerir marcação de usuários, que assistentes virtuais de computadores e celulares entendam a voz do usuário e ajam de acordo com seus comandos, e permitem o desenvolvimento de carros autônomos, que se deslocam com segurança sem a intervenção de um motorista.

Pan e Zhang (2021) publicaram um estudo sobre o potencial da inteligência artificial no setor da construção e sua gestão, desenvolvendo uma visão sobre as tendências que se apresentam para a inovação usando IA.

Esses autores afirmam que a IA automatiza e acelera o processamento e análise de grandes volumes de dados (*big data*), apresentando, assim, grande potencial para auxiliar a gestão de projetos de engenharia de acordo com suas próprias características. Ou seja, em ambientes complicados e incertos, as soluções baseadas em IA permitem tomar decisões estratégicas que são adequadas para determinado projeto de construção, sem intervenção humana. Além disso, esse tipo de tomada de decisão tática pode adaptar-se às condições mutáveis, para auxiliar a gestão continuamente, durante todo o ciclo de vida do projeto.

Seguindo três etapas básicas – aquisição e pré-processamento de dados, mineração de dados com base em modelos apropriados e descoberta e análise de conhecimento –, o uso da IA permite a automação de decisões e a mitigação de riscos.

Pan e Zhang (2021) dividem em seis grupos as inovações que podem estar associadas ao projeto e à sua gestão, em empreendimentos de construção:

1. Emprego de robôs inteligentes

Robôs de construção em diferentes funções têm sido desenvolvidos com base em requisitos humanos, para automatizar alguns processos manuais e assumir tarefas repetitivas, como assentamento de componentes de alvenaria, pré-fabricação de componentes, amarração de barras de aço, demolição e outros.

Também podem ser usados robôs aéreos, veículos aéreos não tripulados (*drones*) carregando sistemas de aquisição de imagem, para controle de qualidade e produtividade, e aquisição de dados.

2. Uso de realidade virtual e aumentada em nuvem

Realidade virtual e realidade aumentada, auxiliadas por tecnologias de processamento em nuvem, podem permitir visualização de informações para realizar mais interações entre os mundos físico e cibernético, uma vez que a realidade virtual simula toda a situação e a realidade aumentada integra as informações digitais com as entidades reais. As aplicações possíveis são inúmeras, em projeto, planejamento, gestão de segurança e treinamento, avaliação de riscos etc.

140 Capítulo **7**

Pela sua associação à modelagem da informação da construção (BIM), podem-se processar rapidamente dados de imagens reais, em nuvem, para dar suporte a um processo rápido e automático de atualização de modelos da construção executada (*as built*), e os modelos assim gerados podem ser utilizados para as mais diversas finalidades.

3. Inteligência artificial das coisas (AIoT)

A internet das coisas (IoT) pode ser definida como uma rede de dispositivos físicos interconectados. No caso de empreendimentos de construção, trata-se de sensores, *drones*, *scanners* a *laser* 3D, dispositivos vestíveis (como capacetes e exoesqueletos), dispositivos móveis, dispositivos de identificação por radiofrequência (RFID), acessíveis pela internet. A integração BIM-IoT é cada vez mais benéfica em vários segmentos, como operação e monitoramento de construção, gestão de saúde e segurança, logística e gestão de construção, e gestão de ativos construídos (facilidades).

A AIoT incorpora técnicas de IA à infraestrutura de IoT, permitindo sua operação e análise de dados de modo mais eficiente, para coletar em tempo real dados sobre o *status* operacional das atividades de construção.

O uso prático de AIoT ainda está em fase inicial, uma vez que essa nova tecnologia ainda tem algumas barreiras a superar, envolvendo computação de ponta e riscos de segurança de acesso aos dados.

4. Aplicações de gêmeos digitais

O modelo BIM pode ser o ponto de partida para criação do gêmeo digital, e a integração baseada na IoT pode reunir grande quantidade de dados para enriquecer esse modelo. Tanto os modelos *as built* quanto os modelos projetados podem ser integrados e acessíveis no gêmeo digital, no qual as informações desses dois modelos podem ser continuamente trocadas e sincronizadas.

Técnicas de mineração de dados e IA são úteis para se produzirem gêmeos digitais para monitoramento automatizado do progresso de atividades de execução, detecção precoce de problemas potenciais, otimização da logística e da programação da construção, gestão da cadeia de valor da construção, avaliação de desempenho estrutural, entre outros.

5. Utilização de impressão 4D

A impressão 3D permite produzir componentes de construção por meio de uma máquina controlada por computador, que faz a leitura de modelos 3D digitais para produzir os componentes camada por camada. A tecnologia emergente chamada impressão 4D adiciona à impressão 3D a quarta dimensão, a do tempo, permitindo que os objetos impressos em três dimensões ajustem seus parâmetros em resposta a estímulos externos, como calor, luz, temperatura e outros.

Para promover a aplicação mais ampla da impressão 3D/4D, é necessária mudança do processo de projeto para se adequar a um fluxo de trabalho digital e integrado à execução.

6. Blockchain

A tecnologia chamada *blockchain* foi originalmente criada para simplificar e proteger as transações entre as partes. Pode ser explicada como uma cadeia certificada de blocos de informações, em que cada bloco incorpora dados associados a processos, dentro de um ambiente confiável. Ou seja, os dados históricos junto com as modificações podem ser salvos em uma rede e protegidos por tecnologia criptográfica.

De forma análoga, o *blockchain* da construção pode agregar conhecimento adaptável e escalável em um painel compartilhado e, assim, os sistemas de gestão de projetos podem ser convertidos em práticas mais transparentes e seguras.

Por exemplo, o *blockchain* da construção pode constituir-se em um banco de dados para a melhoria da sustentabilidade dos ativos construídos, resultando em um processo mais confiável para a avaliação do ciclo de vida do projeto. Ele também pode ser combinado com a modelagem da informação da construção (BIM) para coletar grandes dados de várias fases ou etapas do projeto e compartilhar seus dados, com segurança, entre as partes interessadas do projeto.

A Figura 7.4 ilustra os seis grupos de inovações baseadas em IA, propostos por Pan e Zhang (2021).

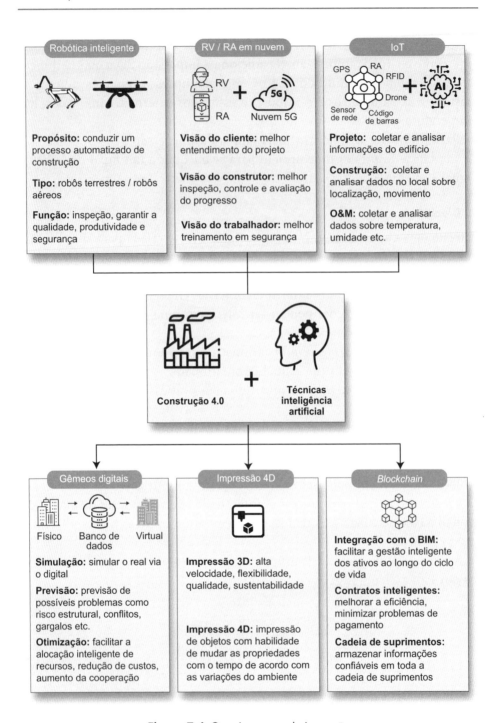

Figura 7.4 Os seis grupos de inovações.
Fonte: adaptada de Pan e Zhang (2021).

Exercícios de aplicação

Exercício 7.1

O que se pensa quando é pronunciada a palavra "inovação"?

Escrever em poucas linhas, sem uso de recursos de busca ou consulta a documentos, apenas a partir da sua própria compreensão, uma frase que define o significado de "inovação em gestão de projetos".

Em seguida, realizar uma pesquisa em bases de artigos científicos sobre o tema e comparar os resultados dessa pesquisa com a definição feita anteriormente.

Sugestão para exercícios em grupos:

Antes de discutir o tema com um grupo de pessoas interessadas, utilizando-se de um aplicativo específico para a finalidade, criar uma nuvem de palavras espontaneamente ligadas a "inovação".

Finalizada a elaboração da nuvem, apresentá-la e criticá-la no âmbito do grupo. Este exercício se mostra tanto mais interessante quanto maior o número de participantes.

Exercício 7.2

Em qual revolução industrial estamos?

Avaliar, em comparação com as características essenciais das quatro revoluções industriais, como se encontra o setor da construção civil, hoje.

Tome como referência projetos, obras e ativos de construção com os quais você teve ou tem contato e justifique o enquadramento dessa referência como pertencente à primeira, à segunda, à terceira ou à quarta revoluções industriais.

Exercício 7.3

Planejando um processo de inovação com uso de BIM

Para um dado projeto ou empresa projetista real, que ainda não adota a modelagem da informação da construção (BIM), à sua escolha, elaborar um plano de inovação.

Usar como base as sete etapas descritas na Seção 7.1.3 e apresentar o seu plano em forma de um fluxograma detalhado. Considere, para sua elaboração, os quatro quadrantes: pessoas, processos, tecnologia e gestão.

VIDEOAULA
Assista à
videoaula
deste capítulo.

Referências

AKUNYUMU, S.; FUGAR, F. D. K.; ADINYIRA, E.; DANKU, J. C. A review of models for assessing readiness of construction organizations to innovate, *Construction Innovation*, v. 21, n. 2, p. 279-299, 2020. Disponível em: https://doi.org/10.1108/CI-01-2020-0014. Acesso em: 16 abr. 2021.

BARRETT, P.; SEXTON, M. Innovation in small, project-based construction firms. *British Journal of Management*, n. 17, p. 331-346. 17 oct. 2005. Disponível em: https://doi.org/10.1111/j.1467-8551.2005.00461.x. Acesso em: 16 abr. 2021.

BLINDENBACH-DRIESSEN, F., ENDE, J. V. D. Innovation management practices compared: the example of project-based firms. *The Journal of Product Innovation Management*, v. 27, n. 5, p. 705-724, Sept. 2010. Disponível em: https://doi.org/10.1111/j.1540-5885.2010.00746.x. Acesso em: 16 abr. 2021.

ECONOMIE. *Processus d'innovation*: qu'est-ce que l'innovation? 2021. Disponível em: https://www.economie.gouv.qc.ca/fileadmin/contenu/formations/mpa/materiel_pedagogique/defi_innovation/processus_innovation.html. Acesso em: 16 abr. 2021.

DUBOULOZ, S. Les barrières à l'innovation organisationnelle: le cas du lean management. *Management international / International Management / Gestiòn Internacional*, v. 17, n. 4, p. 121-144, 2013. Disponível em: https://doi.org/10.7202/1020673ar. Acesso em: 16 abr. 2021.

HM GOVERNMENT. *UK research and development roadmap*. 2020. Disponível em: https://gov.uk/government/publications/uk-research-anddevelopment-roadmap. Acesso em: 16 abr. 2021.

LE ROY, F.; ROBERT, M.; GIULIANI, P. L'innovation managériale: généalogie, défis et perspectives. *Revue Française de Gestion*, v. 235, n. 6, p. 77-90, 2013. Disponível em: https://www.cairn.info/revue-francaise-de-gestion-2013-6-page-77.htm. Acesso em: 16 abr. 2021.

PAN, Y.; ZHANG, L. Roles of artificial intelligence in construction engineering and management: a critical review and future trends. *Automation in Construction*, v. 122, 2021. Disponível em: https://doi.org/10.1016/j.autcon.2020.103517. Acesso em: 16 abr. 2021.

SACKS, R.; BRILAKIS, I.; PIKAS, E.; XIE, H.; GIROLAMI, M. Construction with digital twin information systems. *Data-Centric Engineering*, 1, E14. doi:10.1017/dce.2020.16, 2020.

Glossário

Termos e definições adotados neste livro

Arquitetura de processos
É a estrutura de um processo materializada nas suas atividades e interações, com o ambiente do processo e com os princípios que orientam a sua concepção e evolução.

Atividades
São os elementos de ação que compõem um processo, que podem ser tarefas a executar, informações a gerar, decisões a tomar, ou parâmetros de concepção a determinar. Cada atividade transforma uma ou mais entradas em uma ou mais saídas.

Atividades acopladas
Um conjunto de duas ou mais atividades cujas interações criam um potencial para repetições, uma vez que existe um caminho direto ou indireto de interações de cada atividade do conjunto para cada uma das outras, e de volta para si mesma. Conhecido também como ciclo de retrocesso ou circuitos e, na teoria dos grafos, como componentes, vértices ou nós fortemente conectados.

Bloco
Um grupo de atividades acopladas identificadas na arquitetura do processo DSM.

BPMN
BPMN (*Business Process Model and Notation*) é uma notação que permite desenhar fluxos de processos, adotada pela maior parte dos especialistas em modelagem de processos.

Brainstorming
Técnica realizada em grupos, com o objetivo de produzir ideias, de forma ampla e sem censura, com objetivos tais como a solução de problemas ou a criação de novos processos.

Grupos focais
Técnica de pesquisa qualitativa que permite a coleta de experiências, opiniões e informações em um grupo, por meio de interações realizadas de forma coordenada. Normalmente, os grupos são compostos por uma amostra representativa de determinado segmento de atividade profissional ou social.

146 Glossário

Interações São as relações de entrada e saída entre atividades. No contexto deste livro, estamos interessados em produtos das atividades, entregáveis e fluxo de informações, em que as saídas das atividades permitem a execução de outras.

Internet das coisas Extensão da internet que constitui uma rede de objetos físicos capazes de armazenar e de transmitir dados.

Iteração É a repetição de atividades, também conhecida como retrabalho. As iterações podem ser planejadas (devido ao acoplamento ou incerteza) ou não planejadas (devido à descoberta de erros ou chegada de novas informações).

Markup Termo originado da expressão *document markup*, significa o uso de sinais para indicar revisões em documentos, físicos ou virtuais.

Metadados São dados acerca de outros dados. Podem incluir descrições, autoria, data de criação, local de criação, conteúdo, forma, dimensões, propriedades e outras informações relativas a objetos, que podem ser lidas por computadores e por seus usuários.

Mundo cibernético Mundo da virtualidade, em que inexistem distâncias e o tempo se torna instantâneo. O mundo cibernético permite novas formas de organização social ou de relacionamento, entre seres vivos, entre seres vivos e objetos, e entre objetos, sejam esses objetos físicos ou virtuais.

Mundo físico Trata-se do mundo dos seres vivos e que é condicionado pela materialidade e noções clássicas de tempo-espaço.

Processo Um sistema de atividades e suas interações que abrange um projeto e seu desenvolvimento. Os processos complexos são geralmente divididos em fases, ou subprocessos, que são posteriormente decompostos em atividades.

Sequenciamento Trata-se da arquitetura do processo DSM, contendo a ordenação lógica das suas atividades, identificando conjuntos de atividades sequenciais, paralelas e acopladas. É também conhecida como análise de partição para modelos de processo DSM.

Índice alfabético

A

Abolir o uso do e-mail no projeto, 86
Acoplamento intrínseco entre
  atividades, 22
Alterações na entrada de informações, 23
Ambiente comum de dados (CDE), 77, 78
  componentes básicos de, 78
  funcionalidades de, 82
Análise crítica de projetos, 10
Arquitetura de processos, 145
Atividades, 145
  acopladas, 145
  de gestão, 6, 116
  de inovação, 132
  de produção, 122, 125
  incompletas, 22
Ativos, 114
Autorização, 126

B

Barreiras para a inovação, 130
BIM *manager*, 11
Blockchain, 141
Bloco, 145
Boas práticas para a compatibilização de
  projetos, 72
Brainstorming, 145
Business Process Model and Notation
  (BPMN), 33, 145

C

Causas
  de falhas de compatibilização, 68
  dos problemas de compatibilização, 68
Ciclo da compatibilização de
  projetos, 72
Clash(es), 76
  repetidos, 76
Classificação, 80
Colaboração baseada em
  modelos, 97
Compatibilização de projetos, 3, 8, 65
  ciclo da, 72
Competências em BIM, 94
Complexidade dos projetos, 69
Comunicação, 84
  deficiente, 23
Conflito entre múltiplos
  sistemas, 77
Conhecimento dos problemas, 135
Consultoria, 7
Convite e resposta à licitação, 120
Coordenação, 3
  de projetos, 3, 5, 8
Coordenador
  BIM, 14
  de projetos, 11
Criação de informações sobre os
  ativos existentes, 124

148 Índice alfabético

D

Design Structure Matrix (DSM), 23
  como ler a, 25
  montagem e processamento da, 36
  particionamento da, 28
  regiões importantes da, 27
  representação gráfica e
    interpretação, 23
Detalhamento das trocas de informação
  necessárias ao processo de projeto, 58
Detecção de colisões, 65
Determinação das necessidades, 119
Disciplinas de projeto, 7
Documentação dos problemas, 73

E

Elementos do plano de execução BIM, 56
Encerramento do projeto, 121, 127
Entrega da informação, 121
Entregáveis de projeto, 51
Erros de projeto, 23, 69, 77
Escopos de projeto, 51
Espaço livre, 72
Estado(s), 81
  da informação do pacote de dados
    estruturado, 81
Estágio
  1 do BIM, 97
  2 do BIM, 97
  3 do BIM, 99
Estratégia(s)
  de federação dos modelos, 32
  de prevenção da ocorrência de
    colisões, 70
Estrutura
  Analítica do Projeto (EAP), 31
  conceitual da gestão, 47

F

Falta
de comunicação entre os membros da
  equipe de projeto, 68

de conhecimento em modelagem da
  informação da construção (BIM), 70
de elementos, 77
de informações, 77
Fase de entrega dos ativos, 113
Ferramenta para avaliação da
  maturidade da empresa e do
  profissional, 100
Folga, 76

G

Gêmeos digitais, 140
Gerar ideias, 135
Gerente
  BIM, 15
  da informação, 11, 15
Gestão, 3, 132
  da informação, 114
    durante a fase de entrega do
      ativo, 118
    utilizando a modelagem da
      informação da construção
      (BIM), 111
  de pacotes de dados estruturados
    com o uso de metadados, 80
  do processo de projeto, 1, 3, 4
Granularidade da informação, 53
Grupos focais, 145

I

Identificação do problema, 72
Identificador único, 80
Impressão 4D, 140
Informação(ões), 60
  análise, 125
  aprovação, 125
  checagem, 124
  compartilhamento de, 124
  contidas em um arquivo BCF, 84
  coordenação, 123
  criação, 122
  entrega de, 125
  geração, 123
  necessária, 24
  verificação, 122

Índice alfabético **149**

Infraestrutura necessária para
desenvolvimento do projeto, 60
Inovação, 129
associadas à modelagem da
informação da construção
(BIM), 138
condições para a, 134
desenvolvidas, 136
e tendências tecnológicas para
o processo de projeto e sua
gestão, 136
em gestão de projetos e BIM, 129
metas de, 135
processo de, 134
quadrantes da, 132
selecionadas, 136
Integração baseada em rede, 99
Inteligência artificial das coisas
(AIoT), 140
Interações, 146
Internet das coisas, 146
Interseção, 72

K

Kit de ferramentas do coordenador de
projetos, 65

M

Markup, 146
Matriz
de *clashes*, 74
de maturidade em BIM, 101
exemplo de, 102
Maturidade em BIM, 94, 95
estágios de evolução nas
organizações, 95
Metadados, 80
Metas de inovação, 135
Metodologia ADePT
exemplo prático de aplicação da, 31
para planejamento de projetos, 29
Modelagem
baseada em objetos, 97
da informação da construção (BIM)
competência, 93, 94
de acordo com a ISO 19650, 120

definição do processo de projeto
com, 57
estágio
1 do BIM, 97
2 do BIM, 97
3 do BIM, 99
evoluções trazidas pelo
advento da, 12
falta de conhecimento em, 70
gestão da informação
utilizando a, 111
identificação dos objetivos e
usos da, 56
inovações associadas à, 138
matriz de maturidade, 101
exemplo, 102
maturidade, 93, 95
novas competências de gestão
associadas à, 13
do processo de projeto, 31
dos sistemas prediais por níveis, 73
Modelos de informação, 114
Montagem e processamento da *Design
Structure Matrix* (DSM), 36
Mundo
cibernético, 146
físico, 146

N

Necessidade da compatibilização, 67
Nível
ad-hoc, 101
de informação
inadequado (detalhamento), 69
necessário, 53
de maturidade do projeto, 49
definido, 101
gerenciado, 101
integrado, 101
otimizado, 101
Norma
ISO 19650, 111
Parte 1, 112

150 Índice alfabético

Parte 2, 112
Parte 3, 112
Parte 4, 112
Parte 5, 112
Notas, 60

O

Objetivos da estrutura, 48
Objetos
com dimensões ou com folgas
inadequadas, 70
impressos em três dimensões, 141

P

Pessoas, 132
Placeholders, 69
Planejamento do processo de
projeto, 21
Plano de execução BIM, 54, 120
Portfólio de inovações, 136
Pós-BIM, 99
Prazos insuficientes de projeto, 68
Pré-BIM, 96
Prevenção de colisões, 65
Problema(s)
de caráter cultural e universal, 67
de compatibilização
boas práticas para minimizar e
organizar, 73
classificar e priorizar os, 76
físicos, 76
Procedimentos de controle da qualidade
dos modelos e dos documentos, 60
Processo(s), 132
de inovação, 134
de projeto em BIM, 47
Produção, 121
colaborativa de informação, 122
Projeto(s)
do produto, 7
em 2D e em 3D, 69
imprecisos, 69
para produção, 7

Q

Qualidade
da informação, 53
entregável, 54
dos modelos, 65
Quantidade da informação, 53

R

Realidade virtual e aumentada em
nuvem, 139
Receptores de modelos, 58
Região
de alimentação, 27
de retroalimentação, 27
Regras de colisão para eliminar falsos
clashes, 74
Representação da estrutura
conceitual, 48
Requisitos
de informação, 115, 120
da organização, 116
do ativo, 116
do projeto, 117
de troca da informação, 117
Resolução de problemas, 73
Retrabalho, 22
Revisão, 82
de projetos, 11
Revoluções industriais, 136
Robôs inteligentes, 139

S

Sequência deficiente das
atividades, 22
Sequenciamento, 146

T

Tabela de informações, 33
Tabulação de informações, 31
Tecnologia, 132
BIM, 65

Teste de *clash*, 72
Tipo(s) de arquivo(s) de modelo(s), 60
Trocas colaborativas da informação, 84

V

Validação, 126
 de projetos, 10

Verificação
 de folga, 72
 de projetos, 10
 pela equipe de projeto, 125
 pelo contratante, 126
 virtual Integration Design, Construction and Operation (viDCO), 100
Visualização de modelos no formato IFC, 84